食料システム論
～「食料・農業・農村基本法見直し」の視点～

武本俊彦 著

東方通信社

目 次 ————————————————————————————————

第4章　食料システムの基盤を確保する農村・地域政策の在り方

第5章　食料システムのグリーン化

食料・農業・農村基本法の見直しが行われようとしている。

　ロシアのウクライナ侵略で食料の安定供給の確保が怪しくなってきたが、そもそも食料の安定供給の不安定化の背景には人口減少で農業の担い手不足[1]が深刻化し、農地[2]などの生産基盤も減少が続いていることがある。石油ショック以降、出生数は200万人を切り、2005年に人口の減少に転じる中、2016年には出生数が100万人を割り、2022年には77万人まで減少し、2023年前半（1〜6月）には37万人まで減っている。その結果、図・表1が示すように、2020年以降、人口減少はさらに急激に進んでいる。農村部は出生数の減少だけでなく、雇用

図・表1　日本の総人口の推移

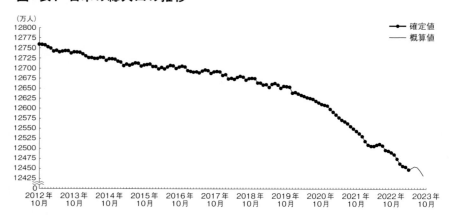

人口推計（総務省統計局）（統計局ホームページ／人口推計（令和5年（2023年）5月確定値、令和5年（2023年）10月概算値）（2023年公表）(stat.go.jp)（2023年11月8日に利用）

---

1. 基幹的農業従事者：224.1万人（2005年）➡136.3万人（2020年）（▲87.8万人、▲39.1%）（令和3年度食料・農業・農村白書特集変化（シフト）する我が国の農業構造の（1）基幹的農業従事者を参照。
2. 農地面積：609万㏊（1961年過去最高）➡434.9万㏊（2021年）（▲29%）（令和3年耕地面積（7月15日現在）調査）、作付け延べ面積：812.9万㏊（1960年）➡397.7万㏊（2021年）（▲28.8%）（令和3年度作物作付（栽培）延べ面積及び耕地利用率調査）

先あるいは医療機関や教育機関がないこともあって大都市への社会流出も進んでおり、人口減少は深刻化している。それが若い担い手不足ももたらしている。

その一方で、単独世帯などの小規模世帯の増加によって総世帯数が増え続けており、平均世帯人員は減少を続けている。

こうした深刻な事態の中で国内生産を維持・強化する観点から、スマート農業などの先端的技術の導入による農業の生産性向上や有機農業の意欲的拡大などが掲げられているが、農業生産の効率性と脱炭素化に向けた食料生産の持続可能性の追求はトレードオフの関係にあり、イノベーションによって解消するとしている。しかし、イノベーションによる解消には、市場メカニズムの作用を前提に現場で最適な技術の組み合わせを体現する農業者や農業経営がどのように進化し、その結果として日本農業の構造がどのようになっていくのかが明らかにされていない。また、太平洋戦争後に行われた農地改革によって零細な自作農体制が創出されたが、そのことによって「分散錯圃」という農地所有形態が確定した。この状態をどのように改革して担い手に農地を集積・集約していくのかその道筋が示されていない。

こうした課題に対する実効性のある展望が示せなければ、新たな技術の社会実装はおぼつかないだろう。また、農業、食品産業、農村、環境の諸問題について、以前と同様、それぞれの最適な解決策を議論している。このような現在の基本法見直し論議は、結局これまでの政策の延長線上の手直しで済ますように見える。

こうしたアプローチにおいて本質的に欠如しているのは、「食料システム」という観点から農業・農村の全体的な変化を根本的にとらえることである。なぜなら人口減少と世帯人員数の減少によって食料システムが大きく変化してきており、これが農業・農村をはじめ、加工・流通から、消費の分野まで影響を及ぼしているからである。

人が生きる上で必要不可欠な食料は、農業部門で生産された農産物が生鮮品として流通して消費者がこれを購入する、又は生鮮品を加工した食品とし

て流通し消費者がこれを購入する、さらに生鮮品、食品をレストランなどで食事というサービスの形で消費者が購入するなど多様な形をとっている。こうした生産から加工・流通を経由して消費者にまで食料が到達するシステムは、消費者の好みやニーズが価格などの情報として流通・加工部門を遡って生産サイドに到達することによって成立している。その結果、農業を起点とする加工・流通・消費の関係は相互に密接につながり、いわば一つの産業（食料産業）のような実態が形成されている。

　また、食料産業から食料を受け取る消費者によって構成される世帯の動向（図・表2）をみると、世帯数は37百万世帯（1986年）から54百万世帯（2022年）へと1.4倍に増加している中で、単独世帯は同期間に2.6倍に、また夫婦のみ世帯は2.5倍に、さらに一人親で未婚の子のみの世帯は1.9倍に増加している。一方で標準世帯と言われた夫婦と未婚の子のみの世帯は9.7％減少し、3世代世帯は63.8％減少している。こうした傾向は世帯員数の少ない世帯が増加している構造に変化している様子がうかがわれ、総人口の減少なども反映して、世帯

図・表2　世帯類型別世帯数（単位：千世帯）及び平均世帯人員
　　　　（単位：人）の推移

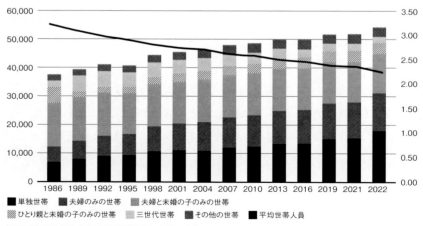

厚生労働省2022（令和4）年度国民生活基礎調査の概況から作成

人員の動向は平均世帯人員数でみると3.22人（1986年）から2.25人（2022年）へと約3割の減少となっている。

　その一方、「男性は仕事、女性は家庭」を前提にした仕組みを維持してきた日本では家事・育児は女性の分担であるとの意識が強い中で、家事を担っていた女性の社会進出に伴って、調理などの家事労働は世帯の外へと外部化された。今後の食料消費については、内食から中食への食の外部化がいっそう進展し、食料支出の構成割合が、生鮮食品 から付加価値の高い加工食品にシフトすると見込まれる（図・表3）結果、生鮮品から加工された食品への需要の増大につながり、将来的にも加工食品が増加するものと想定される。

図・表3　世帯類型別に見た食料消費（内食・中食・外食）の動向

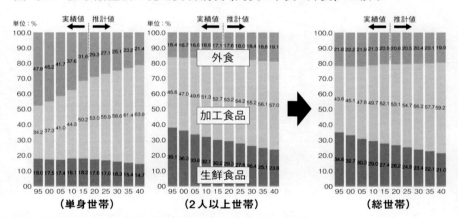

農林水産政策研究所令和元（2019）年8月「我が国の食料消費の将来推計（2019年版）

注： 1．2015年までは、家計調査、全国消費実態調査等より計算した実績値で、2020年以降は推計値。
　　 2．生鮮食品は、米、生鮮魚介、生鮮肉、牛乳、卵、生鮮野菜、生鮮果物の合計。加工食品は、生鮮食品と外食以外の品目。

　ところが、生鮮品から加工品への需要の変化に対して、定時・定質・定量・定価が求められる加工原料用に比べて価格の高い生鮮品を志向する国内農業部門は、需要に応じて弾力的に対応できなかった。そうした状況下で国際貿易交渉の肝ともいうべき貿易ルール交渉において、市場メカニズムが作用することを前提として、農業から加工・流通を含めた食料産業全体を守るという視点

での戦略的対応もなく、米など一部の重要品目を除外とすることを優先してそれ以外の農産物の輸入「自由化」を受け入れてきた[3]。

　その結果、円高の進行により内外価格差の拡大もあって加工食品の原材料や畜産の飼料の輸入依存が増えていき、食料の自給率は低下していった。なお、食料自給率（カロリーベース）のデータ（図・表4）を見ると日本の食料自給率（1961年➡2020年）は約40％の大幅低下[4]の一方で、欧米諸国は総じて現状を維持するか、あるいは上昇基調にある。

図・表4　食料自給率（カロリーベース）の動向（暦年・％）

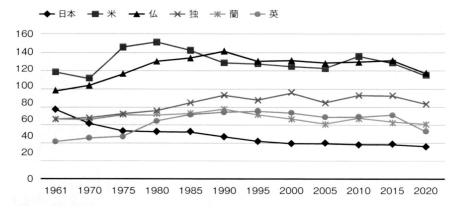

農林水産省：食料需給表令和4年度（令和5年8月農林水産省大臣官房政策課食料安全保障室）

　日本で起きた事態はロシアのウクライナ侵略によって突然起きたものではない。

　そもそも農業は他の産業に比べ土地と労働のウェートの高い産業であり、地域の風土や歴史などに規定される産業である一方、今後は情報技術などの導入によって他の産業との協働の機会が増えていくことが想定される。こうした観点から、農村地域における多様な産業や人材との連携・統合などの取組を促進するための仕組みを構築する必要がある。また、農業・農村における多面的

---

3. 日本の貿易交渉の問題点については、<補論1>農業・食料貿易政策の在り方を参照。
4. 日本の食料自給率の低下の原因と向上できなかった要因については、<補論2>食料自給率についてを参照。

機能を発揮するとともに地域内経済循環を構築する観点から、効率性と持続可能性が両立し得るよう、食料産業政策と環境政策の連携アプローチも重要になってくる。例えば、農産物の安全基準から自然エネルギーの増加と稼得機会の創出まで、より攻めの姿勢が必要とされている。

　以上の食と農を巡る世界には、今後、人口減少・超少子化の進行、気候変動による異常気象の常態化、日本の経済力の衰退による円安をはじめとする国際社会への影響力の低下の中で引き続き資源・エネルギー・食料価格の高騰がもたらされることが懸念されている。こうした変化は単なる過去の繰り返しではなく、不可逆的な事態の変化と考えるべきであり、食と農をつなぐ制度・政策の在り方については農業から加工・流通・消費までをつなぐ食料システムとして把握し、システム全体の強靭性を確保することが必要である。また、現状の課題・問題に対する制度・政策の見直しは、不可逆的な変化であることを前提に検討を進める必要がある。

　本書では、以上の問題意識を前提に、第1章では食料システムの概念を「食料産業の形成を前提として、市場メカニズムが機能するように適正な手続きによって成立した『食と農をつなぐ制度』を装備したシステム」と定義し、食料産業、市場メカニズム、食と農をつなぐ制度についてその内容を説明している。

　次に、第2章では、現代カタストロフ論の観点から現在の資本主義経済で起こっている不可逆的な変化を明らかにし、農業や農政も例外ではなくそれを踏まえた改革の方向（地域分散・小規模分散ネットワーク型経済構造への転換）の必要性を示している。

　また、第3章では、食と農を巡る制度・政策について米の政策を中心として分析している。両戦間期の米騒動の教訓から需給と価格の安定のために統制的手法を取り込み、1942年に米の全量管理という配給統制が完成し、戦時経済下では機能していた食糧管理制度が市場経済の下で生き残り、1970年代にはその制度が破綻しつつあるにもかかわらず弥縫策を続け、1990年代のデフレ経済下において、セーティネットも用意せずに食管制度を廃止して、規制的手法

をゆるめていったことから農業分野の衰退が進行している状況にある。

　さらに、第4章では、農林水産省の説明する農村政策とは、結局、農業・農村を支える地域資源（農地・水利・道路など）について地域の非農業者を含む構成員によって維持管理されることを通じて、農業構造の改善を促進するための補完的な措置であったということを明らかにする。その上で今後の情報化の進展などによって農業・農村が他の産業や非農業者との協働をおし進めることが見込まれることから、内発的な発展を前提に地域経済循環を構築していくとともに、そうした政策を推進していく上での基盤となる土地の計画的利用制度を構築する必要性を明らかにする。そして、それらを統合した農村・地域政策を構築することとし、この制度が構築されることを前提に、農地改革の成果を維持するために立法化された農地法の抜本的改革を提案する。

　第5章では、地球温暖化は人為的な要因によるものであることは疑う余地がないことが明確になり、2020年からの気候変動の枠組みであるパリ協定の締結に至る国際交渉をトレースする。国際交渉における日本の姿勢は、脱炭素に向けた議論にいかに後ろ向きの対応をしてきたかを確認し、食料システムのグリーン化（食料システムについて、2050年脱炭素化に貢献するよう、効率性と持続可能性を両立すること）のために炭素税や排出量取引制度などのカーボンプライシング措置を導入する必要性を明らかにする。

　第6章では、食と農をつなぐ制度として農業基本法及び食料・農業・農村基本法の理念と政策体系を検討し、今回の基本法見直しについて、国民一人一人の食料安産保障の確立、農村・地域政策の位置付け、食料システムのグリーン化の観点から必要な見直しの方向を明らかにしている。

　なお、本書は、「序章」から順番に読んでいただいてもかまわないし、「序章」及び「おわりに」を先に読んでいただき、興味のあるところから読んでいただいたも理解いただけると考えている。また、本文中にある「参考」のところは文字のポイントを小さくしてある。この部分は、仮に読み飛ばしても全体の論旨が理解できるので、後で読んでいただいても差支えがない。

大規模自然災害や新型コロナウイルス感染症のパンデミックは、気候変動に起因している。そしてその気候変動は、太陽光や風力、薪や木炭などの自然エネルギーの利用から、石油、石炭、天然ガスなどの化石エネルギーの利用への転換を契機として実現した産業革命とその後の近代経済成長によってもたらされたことは、疑う余地がない[5]。

　2021年5月に策定された「みどりの食料システム戦略（以下「みどり戦略」）」は、その前年10月に当時の菅義偉首相が表明した「2050年に日本の温室効果ガス排出量を実質ゼロにする目標」を踏まえて、現状に立脚してこれまでのトレンドの延長の姿を描くのではなく、2050年脱炭素目標を実現するための「あるべき姿」を描きそれを現状からどのように改革を進めていくのかを示す「バックキャスティングアプローチ」を取って策定されたとしている[6]。

　みどり戦略の中身が「バックキャスティングアプローチ」となっているかどうかはひとまず置いて、みどり戦略や2023年9月に食料・農業・農村政策審議会が取りまとめた基本法見直しに関する最終答申には、「食料システム」という用語が登場するが、その概念は明確にされていない。

　まず、「食料システム」とはどのようなものであるべきかを検討していこう。

1. システムの概念

　食料システムとは次のようなものと考える。すなわち、「食料産業の形成を前提として、市場メカニズム[7]が機能するように適正な手続きによって成立[8]した『食

5. IPCC第6次統合報告書（AR6統合報告書）政策決定者向け要約 A現状と傾向A1参照。
6. 農山漁村文化協会編『どう考える？「みどりの食料システム戦略」』、2021年、pp19参照。

と農をつなぐ『制度』を装備したシステム」のことである。

　まず、システムとは、多数の構成要素が集って有機的に秩序ある関係を保ち、一つの目的を果たす組織体のことである。したがって、システム全体の最適性（全体最適性）を確保する観点からシステムを構成する要素の部分最適性を調整するメカニズムが装備されていることを意味する。例えば生物は多くの細胞という構成要素の集合であり、さらに個々の細胞はそれぞれの機能を果たしつつ他の細胞と有機的な連携を保って生命体というシステムを構成している。また、官庁や企業なども、各種の機能を果たす部課を構成要素とするシステムであり、各要素は相互に有機的な連絡を保ちつつ行政や企業の目的を達成している。

　一方、システムの概念について現代カタストロフ論[9]では次のように考えている。生物現象や経済現象という複雑なシステムは、均衡状態の繰り返しではなく、不連続で不可逆に変化していく。多重なフィードバックを基にした「制御の束[10]」によって「安定的な構造」が維持されるものの、「周期的なカタストロフ」の発生によって不可逆的な変化が引き起こされるのである。

　その場合、危機が起こってもじっとしていれば大丈夫という「正常化バイアス」の誤りに陥ったり、失敗を繰り返すと繰り返しながら変わっていくこと自体を否定し、同じ繰り返しをすればいいという誤りに陥ったりすると、「新しい『安定

7. 市場メカニズムとは、資本主義経済における資源配分と所得分配を規定する市場機構のことであるが、いわゆる新古典派の前提（生産資源のマリアビリティによってその調整には時間とコストがかからないこと、所得再分配は資源配分の効率性を通じて実現すること）を取るものではない。本稿では、市場の調整には一定の時間とコストを要すること、資源配分と所得分配とは両立するとは限らないことから、市場の外に存在する政府の関与により補完される必要があるという考え方に立脚している。
8. 市場メカニズムが機能するように政府が関与することが正当化されるのは、望ましい市場均衡を達成するために主権者が選んだ議会により議決された法令などに基づいて行政府が執行することよって目的が達成されるからである。その場合、多重のフィードバック、特に情報の収集・分析・公開などのプロセスが、少なくとも立法府と行政府によってチェック・アンド・バランスをとりながら機能していくという適正手続きが担保されているからである。なお、宇沢が唱えるヴェブレンに始まる制度主義の考え方を具現化した「社会的共通資本」を参照されたい。宇沢弘文『社会的共通資本』、2000年、同『ヴェブレン』、2015年参照。
9. 金子勝・児玉龍彦『現代カタストロフ論─経済と生命の周期を解き明かす』、2022年、「はじめに」参照。
10. 金子勝・児玉龍彦『逆システム学─市場と生命のしくみを解き明かす』、2004年、「序章　逆システム学とは何か」参照。

的な構造』への進化」が阻害され、「カオスから抜け出せないばかりか強権政治に頼り、格差を固定化し、長期衰退という最悪の選択をもたらす」ことになりかねない。しかし、「生命や市場には、『エネルギー』と『情報』が流れ込むことによって多重のフィードバックによる安定的な循環が形成されると、自由と多様性が担保されたいわばダイナミックな安定性を基礎とするシステムに組み替えられる」としている。

　システムについては以上の現代カタストロフ論の概念に立脚して、食料システム[11]の構成要素である「食料産業」「市場メカニズム」「食と農をつなぐ制度」について検討していきたい。

2. 食料産業[12]

　食料システムという捉え方が必要になったのは、日本における食の消費形態が戦後復興期から高度経済成長期にかけて大きく変化したからである。その

---

11. 食料システムについては、国連食料システムサミットにおける定義のほか、類似の用語としてフードシステムがある。それぞれの定義は次の通りである。
　「国連食料システムサミット」（FSS：Food Systems Summit（フードシステムサミット））とは、2021年7月にローマでプレサミットが開催され、9月にはニューヨークでサミットが開催された会議のことであり、国連の持続可能な開発目標（SDGs）の達成のためには持続可能な食料システムへの転換が必要不可欠だという、グテーレス国連事務総長の考えに基づき開催された国連主催のサミットのこと。本サミットにおける食料システムとは、食料の生産、加工、輸送及び消費に関わる一連の活動のことを指し、本サミットの科学グループにおいては、「農業、林業または漁業、及び食品産業に由来する食品の生産、集約、加工、流通、消費および廃棄に関するすべての範囲の関係者及びそれらの相互に関連する付加価値活動、ならびにそれらが埋め込まれているより広い経済、社会及び自然環境を含むもの」と規定している。
　また、フードシステムとは新山陽子によれば、「食料農水産物が生産され、消費者にわたるまでの食料・食品（以下食料品とする）の流れがフードシステムとされることが多い。この流れは川にたとえられ、川上の農林水産業から始まり、川中の農林水産物卸売業、食料品製造業、食料品卸売業から、川下の食料品小売業、外食産業をへて、最終消費者（海あるいは湖）までの領域とされる。その後の社会変化のなかで重視されるようになった情報の流れやリサイクルを考慮に入れると、このシステムは川上から川下へ一方向なものではなく、循環的なものととらえられる。それは、取引においても同じであり、売り手と買い手の間で交渉され、農場から消費者まで順次、川下側へ商品が引き渡されるが、それに対応して川上側へ対価の支払いがなされるという双方向性がある。そのことを考慮すると、商品の提供と対価の支払いがマッチした循環的な繰り返しがないと食品供給の永続性は実現しない。このように考えたときには、フードシステムとは、『食料品の生産・供給・消費の流れにそった、それらをめぐる諸要素と諸産業および諸主体の相互依存的な関係の連鎖』として捉えることが適当であろう」と主張している。新山陽子「フードシステム研究の構造論的アプローチ-フードシステムの存続、関係者の共存-」、2020年、『フードシステムの未来へ1 フードシステムの構造と調整』、pp2-44参照。

変化の要因は三つある。

第一に、戦争直後の「飢餓」状態から「飽食」へと食の成熟化（飽和化）が図られ、その結果、消費者の食に対するニーズは、「量的拡大（カロリーの増大）」から「質的充足（高価格・高付加価値化）」へと変化してきた。一般的に食料は生きる上で絶対に必要なものであるので、極端な節約は困難である。したがって、飢餓状態では生きるために稼得された収入はすべて食料の購入にあてられることになる。しかし、経済成長に伴い生活水準（＝所得水準）が向上していくと、食料消費量は人の消化能力（いわゆる胃袋の大きさ）に規定されるので、所得（＝支出）に対する飲食費への支出の割合は小さくなっていく。

この傾向はどこの国でもどの時代にも当てはまるものと言われ、エンゲルの法則と呼ばれており、消費支出額に対する飲食費の支出額の割合をエンゲル係数と呼ぶ。日本のエンゲル係数の動向は、家計調査に基づく消費支出額に対する飲食料の支出額の割合によって把握することができる。これを示したものが図・表5である。

エンゲル係数の動向は、戦後復興期（1946年66.4%〜1955年46.92%）の間に飢餓からの復興もあって19.5%と大きく減少し、高度経済成長期（1955

---

12. 食料産業に関係する用語として農業・食料関連産業という用語がある。2020年3月に閣議決定された食料・農業・農村基本計画（以下「基本計画」（食料・農業・農村基本計画：農林水産省 (maff.go.jp)））には、食料システムや食料産業という用語は使われていないが、「農業・食料関連産業」という用語が使われている。農林水産業の用語解説によると、「農業、林業（きのこ類やくり等の特用林産物に限る）、漁業、食品製造業、資材供給産業（飼料・肥料・農薬等）、関連投資（農業機械、漁船、食料品加工機械等の生産や農林漁業関連の公共事業等の投資）、外食産業（飲食店、持ち帰り・配達飲食サービス等）、これらに関連する流通業を包括した産業」であって、産業連関表や国民経済計算に準拠して農林水産省が作成している「農業・食料関連産業の経済計算」において集計の対象としているものを指している。 なお、みどり戦略の対象産業は「きのこ類やくり等の特用林産物」に限らず全ての林業を包含している。農業と食料関連産業について、「農業・食料関連産業」と表記されていることからすると、単に農業と食料関連産業とを包括したものというよりは、これらの産業が一体のもの、あるいは、密接に連携しているものと捉えているのだろう。こうした考え方を取ることとした背景には、高度経済成長期における農林水産業（以下、便宜「農業」という）自体の日本経済に占める地位の著しい低下の中で、消費者の食料消費形態が、素材としての「農林水産物」の購入から加工された「食品」や、「食事」といったサービスの購入という形態へ変化したことを踏まえ、農業を起点に加工・流通を経て消費につながる一連の流れを「農業・食料関連産業」として位置付け、産業としての規模を示す産出額も日本経済の一定割合（「一割産業」）を占めるという実態 があったことによるものであろう。2019年の農業・食料関連産業の経済計算によれば、国内生産額は118兆円余り、全経済活動の11.3%を占めている。

年46.92%〜1973年31.92%）の間に量的な増加が次第に鈍化したことから15.0%の減少にとどまり、その後の安定経済成長期からバブル経済期（1973年31.92%〜1991年25.11%）の間は量的拡大から高価格・高付加価値といった質的充実に転換したことから6.8%の減少となった。バブル崩壊から金融危機の期間（1991年25.11%〜1998年23.81%）は、経済の低迷の影響もあって1.5%の減少となった。金融危機から2008年のリーマンショックの期間（1998年23.81%〜2008年23.24%）の間も景気低迷の影響で0.6%の減少にとどまった。

　その後、2011年の東日本大震災の発生があり、2012年に安倍政権の登場によるアベノミクス（異次元の金融緩和と円安誘導による輸出振興）の期間（2008年23.24%〜2017年25.75%）は、2.5%の増加となった。このようなそれまでのトレンドに逆行する動きとなったのは、バブル崩壊以降のデフレマインドが強まり実質所得がほとんど伸びない中で、輸入農産物の国際価格の上昇に円安効果が加わってエンゲル係数が増加した結果と考えられる。これは、食料費が生きていく上で必要不可欠な支出であり、その価格が上昇したとしても支出せざるを得ないからである。エンゲル係数の上昇は生活水準の低下を意味している。

図・表5　エンゲル係数の推移

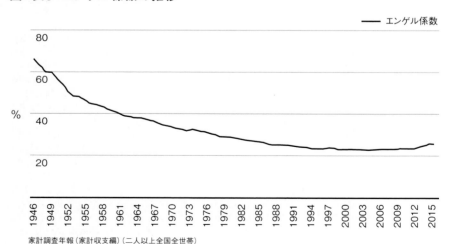

家計調査年報（家計収支編）（二人以上全国全世帯）

いずれにしてもこのような食料消費支出の動向は、供給サイドから見ると、おなかがすいている状況においては、「作れば次々と売れる」ということで「プロダクト・アウト型」の経営でよかったのであるが、おなかがいっぱいになった状況では消費者の意向を無視して作れば在庫の山となって倒産することになることから、需要の動向を調査して売れるものを作るという「マーケット・イン型」経営に転換することになったと考えられる。

　第二に、女性の高学歴化、雇用機会の拡大などによって、女性の社会進出が図られたことである。女性の年齢別就労のパターンは、以前はM字型を描くと言われていた。大学卒業後は一般的に正規雇用として就職するが、結婚を機に退職し家事・子育てに専念することとなり、子育てから解放される段階から非正規雇用の就業を開始する傾向があった。その後、女性の労働力率の推移（図・表6）をみると、徐々にM字型のカーブが解消されつつある。これは、経済成長の鈍化・停滞・衰退の過程において、家計の所得確保について、夫が働いて妻が専業の主婦となって家事・育児を担っていくという「標準世帯モデル」が機能しなくなって、家計の収入増大を図る観点から女性の社会進出の傾向が強まってきたことがあげられる。

　家事・育児は女性の担当という社会的意識が存在する中で、女性の社会進出が円滑に行えるようにするためには、女性が担当する調理・子育て等の家事労働を軽減することが継続的な就労を可能にする前提条件となる。また、女性の調理をはじめとする家事労働は無償労働であるが、女性にとって雇用による稼得機会が増えるに従い、女性の社会進出は合理的判断と言える状況も生まれてきた。

　そうした状況において、家事・育児は男性も相応に担当すべきとの社会意識の転換があればともかくそうした意識改革も行えない中では、女性が引き続き家事・育児などの役割を分担することを前提とした上で、素材としての農産物を購入して家庭内で調理し家族に食事を提供（内食）することから、外に出て働いて収入を確保し、調理食品を購入（中食）したり、あるいは食堂で食事をとる

（外食）ことが可能になれば、家計全体の所得水準を引き上げることにつながることになる。

　また、調理には、一定の機械・器具を使用することから、食事一単位当たりのコストには一定の固定費がかかることになる。一般的には世帯員数が多ければ多いほど食事一単位当たりの固定費は低下することになるが、前述のとおり実際の世帯員数の動向は小規模化が続いている。このことは、調理に手間暇をかけるよりも、中食や外食に切り変えた方が合理的であることを示している。

　すなわち、機会費用や規模の経済の観点から、調理といった家事労働を外部化する必要が生まれ、内食から中食、外食への変化は合理的な選択であったと考えられる。

　第三に、第一及び第二に見られる需要面の変化は、食料の加工・流通業にとってビジネスチャンスとなった。仮に家事労働の外部化が単なる家庭で調理された食事（内食）を代替するものであれば、女性は家にいて子供や夫の面倒を

図・表6 女性の年齢階級別労働力率の推移

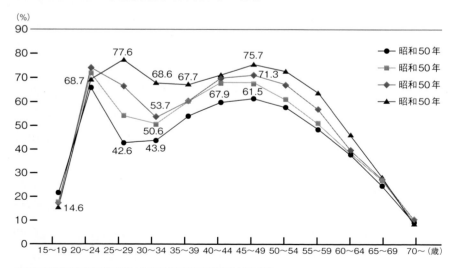

男女共同参画白書平成25年度版 第1-2-1図女性の年齢階級別労働力率の推移

見るのが当然という意識（社会的規範）が存在する中では「調理の手抜き」[13]のそしりを免れないことになる。

　そういう社会情勢を踏まえて、加工・流通の事業者は、家庭では味わえない「おいしさ」「値段の手ごろさ」「料理の時短化・簡便化」を実現するとともに、特に今後の伸びが見込める中食（図・表3参照）については家庭での「一手間」を残す商品開発[14]なども行って、家事労働の外部化を促進することとなった。その結果が、多様な「中食」「外食」というものを提供することとなったのであり、それを支える技術革新（「イノベーション」）（図・表7）として、低温流通技術の本格化、電子レンジの登場、チェーンストアシステム、POSの導入などが誕生した。

　以上の需要面における機会費用、規模の経済の観点からの変化と供給面

図・表7　食料を巡る主な出来事のうち加工・流通に係るイノベーション

1955～59年	電気炊飯器、インスタントラーメン、スーパーマーケットの登場
1960～69年	インスタントコーヒーの登場、ファミリーレストラン・チェーンの登場、ファーストフード店の登場、レトルトパックのカレー登場、冷蔵庫の普及率90%超える
1970～79年	レトルト食品急成長、カップ麺の登場、コンビニエンスストアの登場、低温流通技術の本格化、持ち帰り弁当チェーンの登場、宅配便の登場
1980～89年	POS（販売時点情報管理）の導入、電子レンジの普及率40%、宅配ピザの登場、電子レンジ用食品の新製品が相次ぐ、バーコードの普及
1990～99年	電子レンジの普及率79%、食管法廃止・食糧法制定
2000～09年	食品安全基本法成立、食品安全委員会創設、食育基本法制定、消費者庁・消費者委員会発足
2010年以降	米トレーサビリティ法制定、食品表示法制定

食料・農業・農村白書その他
（時子山ひろみほか（2019）「フードシステムの経済学第6版」医歯薬出版株式会社45ページ掲載の表から作成）

---

13. 時子山ひろみほか『フードシステムの経済学第6版』、2019年、61頁によれば、簡便化が他の分野ほど早く進まない理由として、消費者の意識のなかに簡便食品の利用を家庭料理に比べ手抜きと考え、調理食品より手作り品を一段上とみる意識が強いと指摘している。
14. 時子山ひろみほか、前掲書、2019年、150頁によれば、調理食品の利用について日本の主婦は米国の主婦に比べはるかに保守的とした上で、調理食品は家族との食事の時は完全に出来上がっているものより、かえって最後に一手間加える必要のある製品の方が人気があり、食品メーカーの商品開発でも家族での手作りの手助け的な発想によるものが多いと指摘している。

における社会的規範を乗り越えるようなイノベーションが相まって、生産―加工・流通―消費までをつなぐ、一つの産業（＝食料産業）としての実態が形成されたと考えられる。

　また、食料産業は、地域コミュニティー（集落）を基層とする市町村、江戸時代の藩をベースに廃藩置県によって形成された都道府県、それらを統合する国という三者が有機的に結び付いた構成体を前提に、特に明治以降の近代経済成長から現代までの期間を通じて成立してきたものである。このことに加え、食料産業の起点をなす農業部門は、自然的・社会的・経済的な環境（土地、労働、経営などを含む）条件などに強く影響を受けていることに留意する必要がある。

　このような実態変化を踏まえると、食料が農業という上流から消費という下流までの移動を包括した概念であって、消費者の食料消費形態が素材としての農林水産物の購入から加工された食品の購入や食事といったサービスの購入への変化があること、その結果、食生活の外部化に伴い供給サイドでイノベーションが起こっているという経済的なメカニズムの作用を重視する[15]とともに、農業を起点とする流通・加工・消費という「動脈」の世界だけでなく、生産された農産物・食品のロス・廃棄物、都市下水の汚泥などの再資源化といった「静脈」の世界も明確に位置付け、「動脈」と「静脈」によってモノ・カネ・情報などの循環が行われていることを食料産業と呼ぶこととしたいと考えている。

3. 市場メカニズム

　食料産業が機能するための前提条件は市場メカニズムである。それは、売り手と買い手による自由でかつ公正な競争条件が存在し、その結果、価格などの情報をシグナルとして社会の資源配分が適正に決定されることが基本である。しかし、この市場メカニズムは、例えば、チェーンストアシステムとPOS（販売時点情報管理）システムを装備した大規模量販店が情報力で納入業者に対して優位に立ち、買い手（大規模量販店）と売り手（納入業者）の力関係が対等と

は言えないような事態（自由で公正な競争条件を欠くケース）が生じると不当な価格引下げなど望ましくない結果を招来することになる。

　そもそも八百屋、魚屋、肉屋といった食品専門小売店は、商店街の形成を前提に顧客との「対面販売方式」と「量り売り」を基本とする販売形態をとるものであり、顧客にとって必要な他の商品は商店街の他の小売店で調達が可能となっていた。これに対してスーパーマーケットやコンビニエンスストアでは顧客が自ら商品を選択する「セルフサービス方式」をとっている。これは販売される食品等が規格化され、多品目を扱うことによって顧客のワンストップ・ショッピングを可能としている。

　そのことに加え、商品名、価格、数量、販売時間、場所などともに、商品の仕入れ、配達、発注などに役立つ顧客の利用実績を加味した情報を含んだ総合的な情報システムを導入することを通じて、企業の販売戦略の策定に活用[16]することができるようになってきた。こうしたチェーンストアシステムとPOSの導入はコンピューターの進歩と相まって、食品市場の情報の支配者となり驚異的な成長を遂げていったのである。

　一般的に、商品流通における取引の促進・効率化の観点から取引数量、取引単位の大規模化が図られるようになると、顧客の情報を握る大規模量販店などが価格形成において主導権を握ることになる。つまり商品流通において優越的地位を有する主体（チャネルキャプテン[17]）が登場することになるのである。

---

15. 武本俊彦「食料産業局の解体と大臣官房への新事業・食品事業部の設置」、『農村と都市をむすぶ』、2021年7月参照。
16. 顧客の利用実績に応じて、割引、優遇価格、おまけなどを提供する企業のロイヤルティ・プログラムの進展に伴い、POSデータに個人が識別できるIDが付きこのID付きPOSデータが企業の意思決定に活用されるようになったこと
17. チャネルキャプテンとは、戦前は問屋、1950年代の第一次流通革命では製造業、1980年代の第二次流通革命では小売業者（特に大規模量販店）を指す。最近では情報偏在をもたらすネットワーク型産業を構成するプラットフォーム企業（巨大IT企業のGAFAMなど）の登場をさしているが、情報独占の問題が指摘されている。なお、GAFAMに代表されるプラットフォーム企業は情報を吸い上げて利益を巨大化する中央集権型経営モデルとしてWeb2と呼ばれる。それに対して、GAFAMを通さずにブロックチェーンを使いサービス・お金をやり取りする分散型経営モデル（Web3）の登場が期待されている（2022年10月22日付日本経済新聞9面「「Web3」時代の戦い方」）。

4. 食と農をつなぐ制度

　上記のような変化によって、食料システムにおける下流側の企業（大規模量販店）による上流側企業（農業、食品製造業など）への「価格引下げ」に関する不当な圧力が存在する事態が生じ得るようになってきている。その結果、食料産業全体の健全な成長が阻害される恐れが出てきた。大規模量販店が登場した当初の時期は、それまでの流通構造に対して消費者利益の追求の観点から「価格破壊」を行い、消費者の支持を得てきたことは確かである。しかし、競争が阻害されるといった事態は、消費者にとってはやがて価格引上げが起こるリスク[18]があることに加え、新規参入の可能性が低下し、イノベーションが起こりにくくなる結果、産業の発展が止まり、やがて衰退をもたらすことになる。

　つまり、食料システムは、今やチャネルキャプテンの登場による価格引下げなどの不当な圧力が存在する事態（優越的地位の乱用など）をもたらし得る構造＝仕組みとなってきたということである。

　したがって、このような構造の食料システムにおいては、食料産業の健全な成長を確保し、どのような事態においても国民への食料の安定供給が確保（一人一人の食料安全保障の確立）されるようにする観点から食料システムの柔軟性あるいは強靭性（レジリエンス）の確保が重要な課題となってくるのである。とりわけ、人口減少が加速し、それに伴う食料産業の供給規模を適正化する（効率化を図りつつ縮小を図る）ことが求められるようになる一方で、デジタル化に伴ってアマゾンなどの巨大プラットフォーム企業の情報優位が一層進行する状況においては、食料産業の健全な成長を担保する政策（食料の安定供給の確

---

18. 現在の流通段階の問題は、消費者への価格引上げが起こりにくい結果、正当なコスト増加に伴う販売価格への転嫁が起こりにくいことである。なお、新山陽子『フードシステムと日本農業 改訂版』2022年の「第4章農業経営の存続と市場」「4. 農産物価格と食品小売価格の上方硬直性：価格伝達、小売の市場支配力」pp76-79によれば、原料価格の変化が製品価格の変化に反映する「価格伝達」は、各段階の市場における売り手と買い手双方の取引交渉力に左右される。買い手側の取引交渉力が優位なことが価格伝達できない基本的要因だと指摘。

保)を遂行しつつ、競争政策との連携[19]を図っていくことが求められるのである。

つまり、食料システムにおいては、上流と下流といった垂直的な取引関係を基本とする食料産業において市場メカニズムが作動するようになると、顧客情報などの偏在が起こる結果、優越的地位の問題が発生し公正な競争条件が維持できなくなることから、政府の適正手続きを踏まえて成立する「食と農をつなぐ制度」を執行することによって市場メカニズムが機能し得るようにする必要があるのである。

参考　農業協同組合制度の在り方と競争政策との関係

日本の農業協同組合は、農村の民主化と食料生産力の増強の改革として地主制度を解体し家族農業を主体とする自作農体制を実現することを目的として実施された農地改革の成果(規模の零細な自作農体制)を温存するため、連合国軍最高司令部(GHQ)の指示により農地法(1952年)とともに農業協同組合法(以下「農協法」)(1947年)が制定されたことによって誕生した。

戦前の農業団体は、中小農民を構成員とし協同組合としての性格を持つ産業組合と地主層を構成員とする帝国農会とが存在していた。1938年に国家総動員法が成立し、1918年の米騒動を契機に国家統制の対象であった米政策については、政府による全量管理を実施するための食糧管理法が1942年に成立した。農業生産を担当する農会と流通過程を統制する産業組合について命令系統を一元化する観点から1943年の農業団体法に基づき農業会として統合された。この団体は、農民に代わり農業の利益を代弁した指導者である地主勢力の影響下にあった。そのような農業団体が存在する下で誕生することとなった農業協同組合(以下「農協」)の意味するものは、

---

19. 大橋弘『競争政策と経済学 人口減少・デジタル化・産業政策』、2021年。人口減少局面における競争政策と産業政策の関係については、同書212頁において、競争政策当局の消費者余剰の重視だけでなく、生産者余剰などの企業の事業環境にも目を向けるバランスが求められることから、持続可能な社会経済活動を維持する上で消費者余剰と生産者余剰とからなる社会的余剰基準に転換すべきではないかと提案している。具体的には公正取引委員会の競争政策と企業の事業環境を守る立場の主務官庁の産業政策との運用を競わせる中で両者のリバランスを考えるのが現実的ではないかと主張している。また、新山陽子、前掲書、2022年は、取引交渉力について、競争構造に加え、小売慣行や取引慣行、産業の組織化の状態が無視できない影響を与えており、法による規制は万能ではない以上、売り手・買い手・地域の三方よしの精神で、フードシステムの共存を図る事業者の理念とその具体化が求められると指摘(pp82-83)。

農地改革の成果を維持しようと考えるGHQの強い意思を踏まえて農林省が立法化したものであることに留意すべきである。

1) GHQはなぜ農協が必要と考えたのか

　農地改革は、財閥解体と並んで経済改革の柱であり、半封建的といわれた農村社会の根本的な改革を目指すものであった。しかし、農地改革によって誕生した自作農は、封建時代以来の零細で分散した耕地基盤をそのまま引き継いだ脆弱なものであり、農産物価格の下落等、経営環境の悪化が起これば再び小作人に転落することが危惧されたのであった。そのため、農地改革についての連合軍最高司令官覚書（農民解放令）には、この脆弱な自作農をふたたび小作に転落させないために次のような保護政策をとることが指示された。すなわち、①合理的な利率で長期または短期の農業金融を利用し得ること、②加工業者および配給業者（商業者）による搾取から農民を保護するための手段、③農産物の価格を安定する手段、④農民に対する技術その他の知識を普及するための計画、⑤非農民的勢力（＝旧地主）の支配を脱し、日本農民の経済的文化的向上に資する農業協同組合運動を助長し奨励する計画である。

　この指令に基づき、農林省は、農業金融制度、農産物価格制度、農業改良普及制度および農業協同組合制度からなる体系的な農業保護政策を構築し、その総体を戦後自作農体制と呼び、これを維持することとした。以上の経緯を踏まえると農協制度はこの戦後自作農体制の核心に位置づけられていたと言える。

2) 農協の在り方に対するGHQと農林省との隔たり

　零細な農民を組合員とする農協の在り方については、GHQは欧米流の作物別専門農協とすべきと主張していたが、農林省は、協同組合的な色彩のあった戦前の産業組合の実態を踏まえ直接耕種畜産農業生産に関する事業、金融事業、加工流通事業等を兼営し、組合経営の効率化を図る必要があることを主張した。最終的に総合農協という組織形態にGHQが同意することで決着した。

　この点について、もう少し説明すると、農林省は、農民解放令を受けて、直ちに農協法の立案の検討を開始した。農林省とGHQ天然資源局との間には農協の在り方、形についての考え方に大きな隔たりが存在した。

　農民解放令を踏まえて、農林省が作成した当初案（1946年3月）は、戦前の産業組

合時代の考え方（加入強制など統制的性格が色濃かった）に沿ったものであった。しかし、この案は、GHQの考え方（国策の統制機関である農業会は地主を指導者とする団体であり、これを速やかに解散して、徹底した教育によって自由で民主的な協同組合意識を高めた農民が、自主的に農協を組織すべきとのシナリオ）とは異なっていた。GHQの担当者の念頭にある農協とは欧米流の専門農協であり、日本型の総合的な多目的組合については全く知るところがなかった。欧米諸国では独立自営農民の長い歴史があり、市場経済に対応して地域的、経営的にかなりの程度、分化しながら発展してきたのであった。したがって、日本における農協もそれに対応する事業別、作目別専門農協として発達することを期待したものであった。一方、農林省の主張はおおよそ次のようなものであった。日本の農民の農業経営の実態は耕種、畜産、養蚕などの複合的経営であり、業種別に専業化しているものはきわめて少ないのが実態である。したがって、設立されるべき組合はこのような農業経営の実態に即応したものであるべきであり、直接耕種農業生産に関する事業及び金融・流通・加工事業等はなるべく兼営し、組合経営の効率化を図ることが必要だというものであった。両者の攻防は1946年の3月から1947年の7月まで続き、農協法はその制定までに2年もかかり、農地改革以上に難産であった。

3) 農協制度のその後の展開過程

　そもそも米国の考える協同組合の意義とは、資本主義経済は本質的に大資本が小資本を駆逐・吸収し、大資本による独占ないし寡占状態となり、その結果、不当な価格の引上げは消費者に被害が及ぶことになることから、自営業者・中小企業者を協同組合の形で保護し、公正な競争条件を維持することを図るという経済民主主義の理念が、協同組合誕生の背景にある。このため、協同組合の理念的な規定が独占禁止法に存在するのもそうした理由からであり、組織法としての農協法は、独禁法とセットで導入されたものであった。つまり、協同組合制度とは、競争政策の観点から導入されたものである点にも留意すべきである。

　農協は、このように自主的民主的組織として誕生したのであったが、やがて「制度としての農協」＝行政の代行機関としての農協へと変化していった。その第一は、農民の自主的民主的な組織として農協制度は発足したものの、終戦直後の食料事情は統制経済（特に国家による米の全量管理）の存続を余儀なくさせ、農協を米の配給制度の

実務機関として機能させることとなった。つまり法制的理念と制度の実態とのギャップが存在したのである。第二は、1950年代のドッジラインと呼ばれたデフレ政策によって多くの農協は経営不振に陥り、その再建のために低利の政府資金の導入を柱とする農協再建整備法の制定を農協サイドから農林省に要請したことにあった。GHQは、農協は自主的民主的な組織であるから行政は口を出すなという基本方針であったが、農林省は、農協サイドからの要請を踏まえて、戦前以来の農政の農村への浸透のパイプとして農協を利用していくこととした。第三に、1954年の農協法改正によって、都道府県段階と全国段階に中央会が設置されることが決定された。これによって、系統組織における中央会の位置付けは、自主的活動の中枢的存在として行政目的に即応しこれを補完すべき使命を有するものとされた。農協系統組織が中央会の設置により、行政の3段階（国・都道府県・市町村）に対応する3段階組織となり、食糧管理法の集荷組織として行政の補完的役割と相まって、制度としての農協[20]が誕生したのである。

しかし、制度としての農協は、米の全量を管理することを目的とする食管制度が1969年1月に米の減反を目標とする稲作転換対策（本格的実施は1971年から）を発表し、5月に政府買い入れの対象としない自主流通米制度が登場したことにより全量管理制度のほころびが始まった。その後、ウルグアイ・ラウンド農業交渉の結果、外国産米の義務的輸入に道を開くミニマムアクセス米の受入れ、1995年に食管法自体の廃止、1999年に米の輸入に関する制限措置を関税に置き換える関税化の実施を通じて終焉を迎えた。

農林水産省は、2000年代に入ってから農協による行政の補完的機能を否定する立場を明確化し、行政と系統農協との関係の清算を求める一連の「農協改革」の提言を行った。また、信用・共済事業の関係で、米国政府・経済団体から、農協事業からの分離論を内容とする提言が繰り返し行われた。こうした一連の動きの集大成が、2014年の規制改革会議の「農協改革」であった。

規制改革会議による農協改革は、2014年に成立した「農業協同組合法等の一部を改正する等の法律」に基づき実施された。農協改革は、農協制度の60年ぶりの抜本改革というキャッチフレーズが使われ、農業者の所得向上に向けた経済活動を積極的に行える組織となる改革を行うことであった。

---

20. 大田原高昭『新明日の農協 歴史と現場から』、2016年参照。

改革のターゲットは全国農業協同組合中央会（JA全中）とし、その権限を大幅に縮小して一般社団法人へ転換することに加え、JA全中による農協監査に代えて公認会計士又は監査法人による会計監査の導入を求めることであった（以下「JA全中の社団法人化等」）。

　一方、非農業者からなる准組合員の在り方も問題とされた。これは、農協法上農業者とは位置付けられない者からなる准組合員について、事業利用について正組合員と同等であると位置づけられていたこと、准組合員は農業者で構成される正組合員を人数で上回っていることから、このような農協の原点から乖離している実態を改善する必要があるとの問題意識である。こうした観点から、准組合員の事業利用制限に取り組むべきとの議論が提起された。

　准組合員制度の在り方は、政治との調整過程を経て、「JA全中の社団法人化等」をJAが受け入れる代わりに、まず准組合員制度の実態を調査した上でその取り扱いは5年後に先送りすると決着された。5年後の見直しは、2021年6月18日に閣議決定された「規制改革実施計画」において、JAが組合員との対話を通じて改革を続けるため「自己改革実践サイクル」の構築を明記することで決着された。

　すなわち、各JAが①農家所得向上の目標を含む改革の具体的な方針、②全事業の中長期の収支見通し、③准組合員の意思反映と事業利用の方針を総会で決め、改革を実行することとされた。つまり、組合員の評価を踏まえて改善、実行を繰り返す、いわゆるPDCAサイクルの仕組みを導入することとされたのである。その改革の実施状況は、農林水産省が指導・監督することとされた。

4) これからの農協をはじめとする協同組合制度の在り方

　農協をはじめとする協同組合は、加入脱退の自由、一人一票制をはじめとする協同組合原則に基づいて組織化され事業運営がなされているものであり、制度導入の趣旨に照らし、食料システムにおける競争政策の担い手として活動することが期待される存在である。農協の事業活動については、独禁法第22条[21]において、組合の事業のうち、内部行為（組合と組合員との関係）による取引（競争）制限に加えて、外部行為（組合と組合以外との関係）による取引（競争）制限に関して独禁法の適用についての議論が分かれている[22]。農協と農協以外の取引相手との関係については、農協以外の主体間の取引の場合と同様に、競争制限的であれば優越的地位の乱用の観点から独

禁法の適用の問題となる。しかし、農協と組合員との関係で取引制限行為を行う場合には解釈が分かれているようだ。例えば農協が農産物のブランド価値を維持し有利販売をするために、一定の表示を付けて組合の施設を利用して出荷する条件として、全量出荷を組合員に義務づける場合である。こうした議論に対しては、協同組合原則に基づいた組合員の事業参加などについての具体的なガバナンスの在り方（当該全量出荷義務というルール決定の透明性、公平性、適切性など、義務違反の場合のサンクションの妥当性など）、全量出荷の義務付けに伴う競争制限による組合員のデメリットとメリットの比較考量等から適正な手続きに沿った内容かどうかについて検討を進め、公正取引委員会をはじめとする競争政策当局及び農林水産省をはじめとする産業政策当局に対して、協同組合当事者の立場から積極的な議論を提起すべき段階である[23]。

---

21. この法律の規定は，次の各号に掲げる要件を備え，かつ，法律の規定に基づいて設立された組合（組合の連合会を含む。）の行為には，これを適用しない。ただし，不公正な取引方法を用いる場合又は一定の取引分野における競争を実質的に制限することにより不当に対価を引き上げることとなる場合は，この限りでない。
　　一　小規模の事業者又は消費者の相互扶助を目的とすること。
　　二　任意に設立され，かつ，組合員が任意に加入し，又は脱退することができること。
　　三　各組合員が平等の議決権を有すること。
　　四　組合員に対して利益分配を行う場合には，その限度が法令又は定款に定められていること。
22. 高瀬雅男『反トラスト法と協同組合 日米の適用除外立法の根拠と範囲』、2017年参照。
23. 平山賢太郎「農協の全量出荷制度 独占禁止法」日本農業新聞2023年6月25日。なお、競争政策と産業政策との関係の在り方については、脚注19、クリーム・スキミングの問題については、脚注97を参照。

1. 現代カタストロフ論から見た資本主義経済の変異

資本主義経済は、好況と不況との景気循環を通じて成長していくものと考えられるが、現代カタストロフ論の立場から見ると、景気循環を通じて成長の制約となる壁を乗り越えていく変異が起きている[24]。

通常の景気循環論は、機械などの設備投資が通常10年の寿命であることを根拠に10年周期の景気循環として説明されるが、実態の景気循環をうまく説明することができていない。現代カタストロフ論の立場からは、その原因として、同じ周期を繰り返すように見えて変異しながら周期を繰り返し、問題が発生すればその問題を乗り越え克服する形で進化が発生することから、進化した安定的な循環によって新たな周期が起きると考える。

また、ある種類の周期は繰り返しながら、同時にいくつもの異なる周期が重なり合う時が生じる(例えば、10年周期の通常の景気循環が50年周期のコンドラチェフの波と重なり合う)結果、大変動のカタストロフをもたらすことがある。その場合、局所で起きる一つの変曲点である破綻が他へ波及することによって大きな制度やルールの変更を引き起こし、それが次の「安定的な構造」をもたらすと考える。

世界史を振り返ると、1873年の大不況以降に植民地争奪戦が始まり、1917〜1920年に第1次世界大戦、ロシア革命、スペイン風邪の大流行が始まり、第2次大戦でパクスブリタニカからパクスアメリカーナに変わりつつも、重化学工業と冷戦時代であった。そして1970年代のニクソンショック・石油ショックで、ドルと金の交換が停止され金属貨幣の時代が終わり、アメリカ中心のシステムが揺ら

---

24. 金子勝・児玉龍彦、前掲書、2022年、「第3章 カタストロフから新しい世界を創る」参照。

ぎ、G7体制に変わるとともに、金融自由化と情報通信革命の時代が始まった。そしてロシアのウクライナ侵略、イスラエルとパレスチナのハマスとの戦争、新型コロナウィルスの大流行、中国の不動産バブル崩壊が起きて50年周期のコンドラチェフの波に当たっていると考えると、生成AIを中心にした情報通信産業、RNA医薬品、再生可能エネルギーと蓄電池、電気自動車と自動運転といった産業革新が急速に起きている。

　食と農をつなぐ制度の視点から考えると、同じような大きな転換が起きてきた。

　日本の近代経済成長は、1870年代前後に始まる改革、とりわけ地租改正などの制度的な改革を契機としてそのスタートに成功し、制度的な改革の完結を見た1900年代以降は農村部の農業余剰を地租や小作料という形で収奪し、これを近代産業に転嫁することによって緩やかな成長軌道をたどった。しかし、1920年代以降は企業者精神の主体であった豪農が寄生地主化することによって日本農業のイノベーターの役割を果たす主体が政府に肩代わりすることとなった。

　また、1920年前後のロシア革命、米騒動、米価の極端な騰落を契機とする米穀法にはじまる米政策の一連の統制立法の導入、1927年の金融恐慌、1929年の世界恐慌、農業恐慌、1938年の国家総動員法を経て、1942年の国家による米全量の配給統制を規定する食糧管理法の導入によって農業分野の統制経済化が完成した。

　太平洋戦争終了後、財閥解体や農地改革を始めとする戦後民主化の流れの中で明治憲法下の統制立法の多くが廃止された。本来廃止されるべきであった食管法は、終戦直後の食料需給の混乱を回避するために存続することとなり、その後70年代にはニクソンショックによる変動相場制への転換が図られる中、米の消費減退やヤミ米の増加という食管法が崩壊への道を歩む状況に陥った。本来であれば市場メカニズムに対応した制度への抜本的改革を行うべきであったにもかかわらず、減反政策の導入等統制的な手法によって温存し続けた。

　1980年代以降アメリカは金融自由化と情報通信産業へ向かい出し、日本は

規制緩和と民間活力の活用のスローガンの下新自由主義的政策が強力に展開された。その結果、バブルとバブル崩壊を繰り返すバブル循環に景気循環が変質し、取り返しのつかないほどの格差の拡大をもたらした。こうした中で、食管法はウルグアイ・ラウンド農業交渉の結果を踏まえて1995年に廃止される一方で欧米において取られていた農業経営の安定化措置を講ずることはなく、1997年11月の金融危機以降、名目ベースで停滞・下落基調であった賃金の動向（図・表8）は実質ベースで低下を続け、生産年齢人口も減少し続け、雇用の非正規化が進んでいった。

図・表8　常用労働者1人平均月間現金給与額1947年〜2021年平均（名目額）

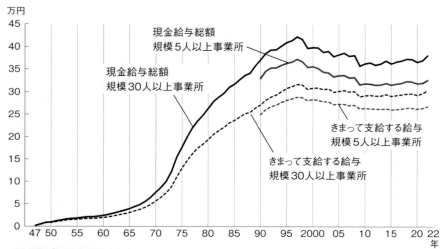

厚生労働省「毎月勤労統計調査」
注1　規模30人以上事業所の1969年以前はサービス業を除く調査産業計
注2　2019年6月分速報から、「500人以上規模の事業所」について全数調査による値に変更している。
注3　2004年〜2011年は時系列比較のための推計値。2012年〜2017年は東京都の「500人以上規模の事業所」についても再集計した値（再集計値）。

そして、2020〜2023年は、自力でバブル循環を創り出す能力を失い、長期衰退のプロセスにおいて、2000年のITバブル崩壊、2008年のリーマンショック、

2020年のコロナ禍、2022年のウクライナ侵略など国際的なバブル循環の影響を大きく受けるようになってきたのである。

2. 地域分散・小規模分散ネットワーク型経済構造への転換の必要性

日本近代化の150年間は、拡張期（明治維新以降の人口の増加、物価の上昇、経済の成長期）、1990年代半ばの転換期、その後の収縮期（人口の減少、物価の下落、経済の停滞・衰退期）に区切られる。

要すれば、拡張期の経済成長を主導した重化学工業に代表される集中メインフレーム型の経済構造は収縮期には機能しなくなったことから、地域分散・小規模分散ネットワーク型の経済構造に変換する必要が出てきた[25]。なぜ転換が必要となったのだろうか。情報通信技術を利用した金融資本主義の深化は、バブル循環をもたらし金融市場のボラティリティを一層強めている一方で、米中を軸に世界経済のデカップリングが生じている。他方で、日本の産業の国際競争力の低下、国内産業の空洞化、2008年リーマン・ショック、2011年東日本大震災以降の貿易赤字の定着化（図・表9）、以上に加え経常収支の赤字化が起これば日本の財政赤字の持続可能性は失われる恐れもある。

したがって、国際収支の観点からエネルギーと食料の自給率を引き上げるとともに、人手不足を突破するイノベーション、産業や地域経済の再編・集約化を加速して、地域の経済循環構造を構築することができなければ、日本経済の内外の供給制約による将来的な危機からは救えない。さらに、自律的な内需を幅広く形成することで対外ショックに強い地域分散・小規模分散ネットワーク型経済構造に転換することができなくなってしまうからだ。また、情報資本主義は時間も空間も人間の肉体的な処理量の限界をも超えて、新しいフロンティアを求

---

25. 金子勝・児玉龍彦、前掲書、2022年参照。

図・表9　貿易収支差額の動向（年ベース、単位：億円）

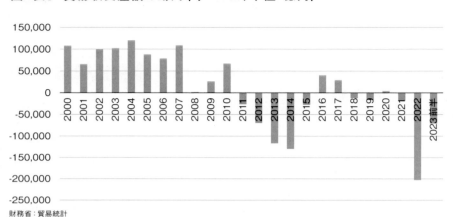

財務省：貿易統計

　めており、金融資本主義と結びつき先物主導で未来の時間をも越えようとしたり、流通において空間を超える個人情報を支配しようとしている。こうした動きは、地域コミュニティを解体させ、個人を「粒子化」させていき、取り返しのつかない格差の広がりの下で、移民差別やナショナリズムをもたらし、非民主主義的な動きを広げる役割を果たしていく。

　こうした動きに対抗するには、エネルギー、食と農、医療や福祉などに関して、中央集中型の決定構造を転換して地域単位の民主主義決定権を確立することが重要であり、情報を分散管理する情報通信技術を使って人間が生きていく上での必要条件を自ら決定できる世界をつくりだしていく必要がある。社会基盤を簒奪する「情報独占企業」や人命を奪う軍事技術に傾いた情報通信技術ではなく、中小企業や農業や地域医療など、エッジ・コンピューティングを軸に、より人間の基本的ニーズに基づいた技術開発を促す仕組みこそが活力と新しい情報技術の発展を生み出すことにつながる。

　それを幅広くボトムから支えるのは、地方大学の情報工学の基礎科学と地方の情報関連会社における人材育成の仕組みである。さらに、地域分散・小規模分散ネットワーク型の経済構造は自由と多様性を守る仕組みであるが、全国的

レベルの格差是正の力は弱いので、その部分は依然として最低限の賃金や所得を保証する所得再分配政策など中央政府がその役割を果たす必要がある。

　また、高度経済成長期に見られた地方部から都市部（東京圏、大阪圏、名古屋圏の三大都市圏）への人口移動は、1970年代の安定経済成長期以降、景気動向とは関係なく東京一極集中が続いている。こうした事態は、若い人が出生率[26]の高い地方部から出生率最低の東京などへ移動することを意味することであり、人口減少の加速と地方部の消滅の可能性を高めることにつながる。さらに全国いたるところで、空き地・空き家・耕作放棄・管理放置森林がみられるようになり、所有者不明地の増加が懸念されるようになってきた。

　こうした事態への対応の観点から地域のニーズに沿った内発的発展による地域内経済循環構造を担保する仕組みの導入が求められている。東京に本社のある企業の工場を誘致し地元の雇用と税収増を期待する外来型開発は円高を契機に本社の意向により一方的に海外移転をされてしまうという問題があったことから、地域の産業による地域外の需要の確保による利益の確保と地域内の消費を支える事業の振興によって地域内経済循環の構築による内発的発展は、地域分散・小規模分散ネットワーク型の経済構造の構築によってその可能性が高まってくるのである[27]。

　さらに、地域内経済循環による内発的発展を担保する観点から縦割り型土地・空間に関する現行制度を、基礎自治体が地域住民の参画を前提に統合的管理計画を策定する制度に転換すべきであり、今後その増大が見込まれる耕作放棄地の発生については、食料安定供給確保の観点から農地制度の在り方[28]を含め抜本的対策が求められてくる。

---

26. 合計特殊出生率（「令和3年度出生に関する統計の概要」の「人口動態統計特殊報告」の「3. 都道府県別にみた出生」（厚生労働省））は、令和元年（2019年）の全国値は1.36であり、都道府県の上位の1位沖縄1.82、2位宮崎1.73、3位島根1.68、4位長崎1.66、5位佐賀1.64となっており、下位の1位東京1.15、2位宮城1.23、3位北海道1.24、4位京都1.25、5位埼玉1.27となっている。

27. 外来型開発、内発的発展については「第4章 食料システムの基盤を確保する農村・地域政策の在り方」を参照。

28. 農地制度の在り方を含めた縦割り型土地・空間に関する現行制度の抜本的対策については、第4章の「3. 農村・地域政策の実効性を担保する新たな土地利用制度の在り方」を参照。

本章では、食と農をつなぐ制度の変遷を米の制度を中心に検討をしていく。米は国民の主食の地位にあり、アジアモンスーン地帯の日本にとって最適な農作物が米であったことから、税金の対象（年貢）となり、現物貨幣として明治初期まで流通してきた。このため、米の需給と価格の安定は政治・経済・社会の安定にとって重要な課題であった。特に明治維新以降の日本においては、近代化を強力に推進する上でその原資は米により生み出される農業余剰であり、米が賃金財の地位にあったからこそ、暴騰した米価と賃金とのギャップが最大になった時に米騒動が起こったのであった。それをきっかけに政府は1920年代から米の需給と価格の安定のために統制的手法の導入を開始し、戦時体制の第2次世界大戦開始直後に米の全量を国家が直接管理する配給統制を完成した。戦後の飢餓状態における主食の平等な配分のために食管制度は維持されたが、高度経済成長期の所得水準の上昇に伴い美味しい米を食べたいとの消費者のニーズに応えられたのは数量調整が行えた政府米ではなく、ヤミ米だったのである。需給緩和から米の生産調整が始まる1970年代初め以降、食管制度は崩れ始めていくというコンドラチェフの波に沿った動きを示してきた。政府は市場メカニズムを基本とした食管制度改革に取り組むべきところを数量調整の運用改善といった方法を繰り返していき、最後はセーフティネットもないまで市場メカニズムを前提とする制度改正を行った。農業生産に占める米のウェートが高く、政治的に重要なものと位置付けられる時代が長かったことから、農政は良くも悪くも米の管理制度の運営を中心に展開されてきた。本章ではこの点をもう少し丁寧に説明していきたい。

1. 日本の近代経済成長

　世界史において産業革命（Industrial Revolution）は、18世紀後半のイングランドにおいて始まり、それに続いて19世紀に西ヨーロッパから北米大陸で起こった。その特色は、一人当たりの国民所得が持続的に成長することを実現したものであり、生産技術の改良に科学を組織的に応用することによって生産性の持続的向上を実現したといわれている。これを近代経済成長と呼んでいる。欧米諸国における近代経済成長は、まず伝統的な農業において経営規模の拡大と大量の家畜利用によって資本投下が増大し、その生産力の飛躍的な向上を達成する「農業革命[29]」が起こった。次にそのことで生まれた利潤を農業以外の部門に再投資したことによって工業化が達成された。それに対して日本の場合は、農業自体が近代成長を遂げながら農業部門の余剰を使って工業部門の発展を支えたといわれている。

(1)日本が近代経済成長のスタートに成功した要因

　日本における近代経済成長のスタートに成功した要因は、次の4つが考えられる[30]。

　第一は、日本が後進的農業国家ではなかったことである。明治時代初頭の農業は、本州、四国、九州の地域が主たる農業地帯であり、それらの地域では

---

29. カブなどの根菜と栽培牧草を特徴とする「輪栽式農業」（18世紀にイギリスで起きたノーフォーク農法）は、従来の三圃制では地力回復のために避けられなかった休耕地を必要とせず、農業生産の増加と地力回復を両立させ、また、1年を通じた家畜の飼育が可能となったもの。この農業革命によって、農業生産が増加した結果、ようやく西欧も他地域と同程度の生産性に達し、人口革命といわれるほどの人口増加をもたらし、産業革命をもたらす要因の一つとされる。なお、三圃式農業（さんぽしきのうぎょう、英語: three field system）は、輪作の一種で、農地を冬穀（秋蒔きの小麦・ライ麦など）・夏穀（春蒔きの大麦・燕麦・豆など）・休耕地（放牧地）に区分しローテーションを組んで耕作する農法。農地の地力低下を防ぐことを目的に、休耕地に家畜を放牧し、その排泄物を肥料として土地を回復させる手助けとした。中世にヨーロッパで普及したもの
30. 金子勝・武本俊彦『儲かる農業論 エネルギー兼業農家のすすめ』、2014年、「はじめに」、網野善彦『日本の歴史00 日本とは何か』、2000年、「第4章『瑞穂国日本』の虚像」、T・C・スミス『近代日本の農村的起源』、1970年、「第13章 農村の変化と近代日本」参照。

「稲作+α」の農業を中心に行っていた。これは、米が年貢という税金の対象であったことから領主は農民に対して可能な限り米を作るようにさせていたからであり、また、アジアモンスーン地帯においては米が最も適した農作物であったからである。その有業人口に占める農民の割合が80%程度であるとされ、当時の日本は後進的な農業国家という考えが一般的であった。これは、1872年に作成された壬申戸籍に基づき百姓と記載されていた者を機械的に農民と記載した結果であった。

しかし、百姓という用語は、豪農や水呑といった稲作を中核とする農業に従事している者だけではなく、林業者、漁業者、醸造業者、金融業者、運輸業者、製造業者といった、農村地域における自営業者全般を含むものとされていた。この考え[31]に立って推計すれば真に農業に従事する者は有業人口の50%未満との試算もあった。

日本社会は、13世紀以降には貨幣経済[32]が浸透していたとされ、次第に為替手形の流通など信用経済も軌道に乗り、財貨・サービスを貨幣で調達する市場経済が日本列島に広く深く浸透していったと考えられる。市場経済が円滑に機能するための前提としては、高い識字率と計算能力が必要とされている。江戸時代に庶民に読み書きと計算を教える教育機関としては寺子屋があったが、明治元年における寺子屋の就学率は男子で約40%、女子で約10%との試算[33]もある。

以上の事態を踏まえると、日本は仮に稲作を中核とする農業が中心の国家であったとしても、市場経済化が進んだ国家であったことは間違いないと考えられる。

第二は、勤勉な労働力が存在したことである。江戸時代の農民は、品種改

31. 網野善彦、前掲書、2000年、大泉一貫『日本農業の底力』、2012年参照。
32. 市場で貨幣を得て他の商品を購入する場合の貨幣とは、明治の初頭まで現物貨幣であり、西の米、東の絹であったことに留意。
33. 鬼頭宏『日本の歴史19 文明としての江戸システム』、2010年参照。

良と栽培技術など技術革新に対して強い関心をもっていたとされている。市場経済への対応がみられたことによって、農業の生産形態を変化させたのである。ヨーロッパとは異なり、田畑の耕作における家畜利用を節約し、労働を多投する方向で対応した。労働集約的発展経路をたどったものであり、勤勉革命（Industrious Revolution）が起こったと[34]考えられる。また、幕末から明治の初めにかけて農村での生産の約3割は、加工品（工業製品）が占めており、その大部分は農村工業によって生産されたものと考えられる。このことから、江戸時代の農村社会は、勤勉な農業労働力を生み出すとともに、工場労働への移行を準備していたものと考えられる。以上の商業的農業と賃金労働の経験は、農民たちに賃金という貨幣誘因に対して敏感に反応することが得であり、賃金をたくさんもらおうという「貨幣目標」の追求のためには、決められた時間を拘束されるという「非人間的関係」に耐えていく忍耐をある程度醸成したもの[35]と考えられる。

第三は、国内での資本調達が可能であったことである。近代経済成長のスタートに必要な、学校、工場、道路、港湾、鉄道などの社会資本の大部分について、外国からの借款ではなく、国内源泉（農業部門の余剰）から調達することができたことがあげられる。

日本では、市場経済の浸透に対応して、農民は稲をはじめとする作物収量の増大を図ることに力を注ぎ、そのことを通じ江戸時代の農業・農村部門においてはかなりの規模の農業余剰＝投資力を有していたと考えられる。明治政府は、こうした農業部門の余剰について、1873年に地租改正を行い、地価の3%相当を地租として農民から徴収（収奪）し、版籍奉還・廃藩置県によって、武士に配分していたもの（＝俸禄）を近代化に必要な投資として振り向けることを可能[36]と

---

34. 速水融『歴史人口学で見た日本』、2010年参照。
35. T・C・スミス、前掲書、1970年参照。
36. T・C・スミス、前掲書、1970年、なお地租は、1881年までは政府の経常収入の8割を占め、1890年でも50%に相当していた。

した。

　第四は、明治新政府は高い権威と強い安定性を持っていたことである。明治維新は、身分の低い階層の武士たちが主導権を握って、天皇中心の新政府（中央集権的な国家）を樹立し、自らが権力の座について「四民（士農工商）平等[37]」という号令の下、「殖産興業と富国強兵」という新しい目標に国民を向かわせることに成功した。つまり、一世代のうちに欧米列強に伍する近代国家に到達することを国民に示し、近代化の目標に対する忠誠心と義務感という伝統的な言葉に置き換えて、国民の奮闘と自己犠牲の精神を呼び起こすことに成功したのであった。

(2) 初期成長局面（1900～1920年頃）

　日本は明治維新以降緩やかな成長軌道をたどった。その原因は何か。工業化と経済発展に必要な物的・制度的な基礎[38]は1900年頃までに準備され、ロストウの発展段階論[39]でいう「離陸」に相当する段階から工業化のスパートが生じた1920年頃の期間を初期成長局面という。明治維新以降それまでの間は、日本農業は非農業部門に対して「賃金財（食料＝米）」「生産要素（労働・資本）」の供給源として、絹・茶等の農産物等第1次産品の輸出による「外貨」の稼ぎ手として、工業化を支えてきた。特に、過剰就業状態にあった農業・農村部門は、過剰労働力のプールの役割を果たしつつ、農村部においては人口増加に見合った部分を安価な労働力として非農業部門に移転し、非農業部門で拡大する食料需要については国外依存を高めることもなく必要かつ安価な食料（＝米）を供給することができたのであった。工業化と経済発展が始まると一般

---

37. 四民平等とは、明治維新により江戸時代にあった士（侍）、農（農民）、工（職人）、商（商人）の封建的な身分制度が撤廃され、華族、士族、卒族、平民の4族籍に再編されたことをいう。
38. 物的な基礎としては、道路、港湾、鉄道などの社会的なインフラであり、制度的な基礎としては、田畑勝手作、民法制定、地租改正などによる近代的土地所有権の確立、関所の廃止、廃藩置県、四民平等など
39. ロストウの発展段階論とは、第1段階の伝統的社会、第2段階の離陸先行期、第3段階の離陸（テイクオフ）、第4段階の成熟化、第5段階の高度大量消費という5段階に分けられ、このうち離陸期とは、貯蓄率と成長率が急速に高まり、1人当たりGNPが持続的な上昇を開始することを特徴とする。

的には食料問題[40]が起こって多くの途上国は近代化に失敗するのであるが、これを回避する必要不可欠な前提条件として当時の日本には農村部の過剰労働力のプール（＝低賃金労働の供給源）が存在したのである。

(3) 両大戦間期

　日本の近代化において、米は国民の主食であり同時に日本農業の基幹作物としての地位を占めていた。また、米は一年一作の生産である一方通年安定的に消費され、保存性のきく商品であることから投機の対象となりやすく、貨幣の過剰供給と相まって価格の乱高下を招きやすかった。

　両大戦間[41]の時期の日本経済の状況は、第1次世界大戦が勃発すると、工業製品価格が上昇し始め、工業分野の雇用の増大により賃金所得の総額が増加していった。賃金の多くの部分が米の消費増大へ充当された結果、米の需要が増加することとなった。しかし、米の供給は一年一作の農産物であることからすぐには増産できなかった。その結果、工業製品価格に次いで米価（当時は「賃金財」としての地位）が上昇していった。米の価格が上昇を開始すると、それに伴いその他の農産物価格及び消費者物価がともに上昇を開始していった。しかし製造業賃金は物価上昇にかなり遅れて上昇を始めることになった結果、1918年7月に米を買えない状況におかれた庶民による米騒動が勃発したのである。その時期は米価と賃金の上昇率のギャップがまさに最高に達した年であった[42]。

---

40. 食料問題とは、食料価格（＝米価）の上昇・賃金の上昇が起こると、企業にとっては利潤の低下・投資の減少によって資本蓄積率の低下を招き、諸外国との競争に必要となる工業化の進展が阻害され、近代化の失敗をもたらすことになる。こうしたシナリオを回避するためには、米の需要増大に見合う生産拡大が必要であり、そのための技術開発・指導、土地基盤の整備などの農業振興策を継続的に実施する必要がある。しかし、農地所有者から収取した「農業余剰」（＝地租収入）、また、地主が小作農から地代として収取した「農業余剰」は、いずれも非農業部門への投資＝近代産業資本へ転嫁していった。つまり、当時の農業政策は、農業・農村における余剰を工業化に使い必要な農業部門への再投資を行わなかったという意味で、農業収奪政策であった。
41. 両大戦間とは、第1次世界大戦（1914〜1918年）と第2次世界大戦（1939〜1945年）の間の期間
42. 速水佑次郎・神門善久『農業経済論新版』、2002年、「第5章 経済発展と農業問題の転換」特にpp150-152。

　米騒動とは米価高騰に起因する暴動であったが、その背景には、明治維新以降の政治・経済・社会の大変動による米価の騰落が起こっていたことがあげられる。例えば、日清（1894〜95年）・日露（1904〜05年）の戦争によるブームと恐慌、第1次世界大戦（1914〜18年）、米騒動前年のロシア革命（社会主義革命）の出来（1917年）などの事件が次から次へと起こっていた。米価の極端な騰落を契機に、需給と価格の安定を図るために「米穀法[43]」（1921年）の制定にはじまり、金融恐慌（1927年）、世界大恐慌（1929年）、農業恐慌（1930年）、満州事変（1931年）、上海事変・満州国建国、五・一五事件（1932年）など経済・社会の疲弊と戦時体制の進展につれて国家による経済統制を強化していくことが求められるようになり、その一環として米穀統制法[44]（1933年）、米穀配給統制法[45]（1939年）などを経て食糧管理法（食管法）（1942年）という形で米の管理制度が完成した。食管法に基づく米の管理制度とは、生産者には生産された米は政府へ売り渡す義務を課し、生産者の米を集荷する農業団体（当時：農業会、その後農業協同組合[46]）によって政府へ米を売り渡し、政府が許可した卸売業者、小売業者に米を売り渡すことを通じて、全国の消費者に平等に米を配給するというものである。なお、以上の決められた配給ルート以外に米を流通させることは違法として処罰の対象とされた。

　また、両大戦間期は、1930年代には小作地率が全国で50%近くとなる「地主制度」が成立した時期にあたる。農業分野のイノベーターの役割を果たしていた豪農は、自ら耕作するための大規模な手作り地をもった地主のことで、農業

43. 米穀法とは、1921〜1933年まで施行されたもの。米の需給と価格の安定を図るために、米の輸入を調整し、米価が安くなった時には政府が買入を行い、米価が高くなった時に政府が売渡を行うものであった。

44. 米穀統制法とは1933年から1942年まで施行された法律で、米の需給と価格の安定を図るため、毎年、最低、最高の米価を決定し、無制限に最低価格で買い入れ、最高価格で売り渡すこと、米の市場出回量を季節的に調整するために米の買入・売渡を行うこと、米の輸出入を制限することを行うものであった。

45. 米穀配給統制法とは、1939年から1942年まで施行された法律で、配給制度等を導入することにより、米の需給と価格の安定を図るものであった。

46. 農業協同組合はGHQの指示に基づいて発足することになったが、その経緯等は第1章の4の「（参考）農業協同組合制度の在り方と競争政策との関係」を参照。

に関する深い知識と経験を持ち、在来技術に精通していた。したがって、初期成長局面における農業技術の革新を主導する役割を果たしていた。しかし、両大戦間期に入ると収取した地代を非農業分野に投資する寄生地主へと変質し、農業分野における企業者の役割を果たす主体がいなくなった。近代科学研究の成果を各地域に普及できるような試験研究・普及体制の整備は1930年代に入ってからであった。

　ここで豪農というものを説明しておきたい。江戸時代には存在していた豪農（老農ともいう）と呼ばれた地主は、農業生産力を増強するために必要な稲作に関する品種改良や作物の栽培管理技術（老農技術と言われていた）の開発に取り組み農業の発展を実現した。

　明治時代になって明治政府による欧米技術（大型農機具による大農法）を導入しようとしたが北海道以外の地域では失敗した。その結果、老農技術の改良・普及による土地生産性の向上を図る方向に軌道修正することとなった。大農経営に立脚した英国農法から小農経営に立脚したドイツ農法への切り替え[47]である。その後19世紀末に設置された国の農事試験場において、老農技術の中の経験主義的な特殊性（地域ごとのばらつきのこと）を、科学的原理によって普遍化するという適応研究により、全国へ普及されるようになった。

　それとともに、イノベーションにとっての制度的な制約要因の解消策として、田畑勝手造（1871年）、関所の廃止（1869年）、廃藩置県などの制度改革、鉄道や近代的な郵便制度の導入などがあげられる。また、改良品種の適応条件を改善するための土地改良を積極的に実施することとなった。さらに、技術の普及方法として外国人教師に加え、老農による実地教育が行われた。

　以上の政策努力の結果、生産力が均一化し農業における初期成長が実現することとなったが、その反面で豪農にとっては、リスクを取って新しい製品の開

---

47. 笹田博教『農業保護政策の起源　近代日本の農政1874〜1945』、2018年、「第2章 大農か小農か明治期の農政をめぐる対立」参照。

発や生産方法の導入などによって生じると期待される企業者利潤を獲得する余地が減少することとなった。その結果、豪農は小作人から収取した余剰を従前の農業部門への再投資からより高い報酬が期待できる商工業分野へ振り向けるようになり、農民に土地を貸し付けて小作料を取り立てるだけの寄生地主へと変質していった。それは、豪農が寄生地主となっただけでなく、イノベーション[48]を遂行する役割を果たす主体の企業者がいなくなったことを意味する。

このような豪農の寄生地主への変質という事態は、農業収奪政策の継続と相まって、農業部門の停滞をもたらした。なお、この時期は、農業分野の税負担が第2次世界大戦前までは非農業の税負担を下回ることはなく、農業から収奪した資金で近代産業を育成する構図に基本的変化はなかった。

こうした状況下において土地制度の在り方については、小農論[49]に立脚して地主制度の改革[50]をめざした。しかし、当時の帝国議会は地主勢力の反対により小作立法を否決した。そのことは、企業者たりうる主体（リスクをとって投資すること）の芽が摘まれることを意味した。

前述のとおり1942年に米の配給統制として完成した食管制度においては、

---

48. イノベーションという用語は、オーストリアの経済学者ヨーゼフ・シュンペーターが『経済発展の理論』（塩野谷祐一・中山伊知郎・東畑誠一訳、1977年）の中で使ったものであり、新結合（new combination）もイノベーション（innovation）と全く同じ意味として使われている。「経済発展の理論」では①新しい財の導入、②新しい生産方法の導入、③新しい販路の開拓、④原料または半製品の新しい供給源の獲得、⑤新しい産業組織の実現を含むとされている。日本の経済白書で使われた技術革新がその後広く使われるようになった。技術革新の他に、新機軸の導入といった言い方もする。技術革新という語は経済の供給面にしか関係しないように読めるが、経済の供給面（①②）のみならず、需要面（③）にも関係するものであり、技術革新という訳は誤訳との意見もある。新しい技術や考え方を導入して、新たな価値を生み出すこととされイノベーション（あるいは「新結合」）の言葉のまま使うべきと考えられる。なお、イノベーションには、新しいアイデアや仕組み、情報などを取り入れて社会的な価値を新たに生み出すこと、社会や会社にとって有益な変化を起こすこととされる。

49. 小農論とは、「日本古来の家族経営による稲作を農業の中心とし、産業化・都市化の影響から農村を守るべき」とする考えのこと。小農論に対抗する大農論とは、「欧米の進んだ農業技術の移入を通じて農業経営体の商業化・大規模化を発展させるべき」とするもの（佐々木博教、前掲書、2018年、p25）。

50. 農地を地主から借りて耕す権利（＝小作権）を強化することによって小作人（＝中小零細農民）と地主との力関係を改善して生産された農産物から得られる利益の分配割合をそれ以前よりも小作人に多くなるようにする（＝所得分配の確保）こと。

国が米の価格と流通を統制する権限を有していることから、地主米価とは別に小作米価を設定することによって中小零細農民の所得確保を図ることも行った。こうした米の生産・流通・消費にわたる国家統制の完成は、前述のとおり日本農業のイノベーションを遂行すべき企業者（一時期の豪農の役割）がいなくなったことを意味するだけでなく、政府が企業者の地位につかざるを得なくなったことを意味する。

この食管法は、太平洋戦争敗戦後の民主化に伴い明治憲法下の統制立法の多くが廃止された中で、連合国軍総司令部（GHQ）の判断によって終戦直後の食料需給の混乱を回避し主食を安定供給する装置として存続することとなった。食管法は、米の需給と価格の安定を図ることを目的とすることから、主食の米が不足状態において国民へ平等に米を配分する制度としてこの時期に存続させることは妥当な判断であった。

しかし、高度経済成長に伴って米の消費が減少傾向をたどる一方で、米の生産力が向上するようになると米の需給は過剰基調となり食管法は機能不全に陥るようになる。しかし、後述するようにその廃止はウルグアイ・ラウンド農業交渉終了後の1995年まで先送りされた。そのことは、戦前に確立した「中央集権的で統制経済的な米管理制度」に象徴される政策理念が「市場メカニズムを前提とする政策理念」へ転換するのが少なくとも1995年まで遅れたことを意味するだけでなく、日本農業におけるイノベーションを主導する者＝経営者の創出を困難にしたのではないかと考えられる。

2. 高度経済成長期から安定経済成長期

第二次世界大戦が終了すると、東西冷戦が始まる中で、中国共産党に主導された中華人民共和国が1949年に建国された。こうした東アジアの状況変化は、米国による日本の占領政策に転換をもたらした。すなわち、日本の復興についてそれまでの「軽工業国家」止まりとする方針から「重化学工業国家」への

再建を許容することとなった。さらに1950年6月に勃発した朝鮮戦争は、米国の前線基地として機能した日本にとっては米軍からの「特需」に対する製品生産のフィーバーが起こった。その結果、1955年までに戦前のピークを越える農業・工業の急激な復興が実現し、その後の高度経済成長へとつながっていった。

　続く高度経済成長期は、戦前において農業・農村部門に滞留していた労働力（潜在的な失業者）が都市部の旺盛な労働需要によって「雪崩・地滑り」[51]を起こしたような都市への移動とともに、全国総合開発計画等により工場の地方移転が促進され在宅のまま近郊の兼業機会への通勤を可能とした。

　一方で、経済の成長による所得水準の上昇は、3世代同居の伝統的な家族の形態を核家族世帯や単身世帯へ分解させることとなった。その結果、世帯数の増加がもたらされ、所得上昇と相まって家電などの需要増加をもたらした。すなわち、各家庭ではテレビ、洗濯機、冷蔵庫を「三種の神器」（耐久消費財）として購入され、その需要創出は、川下の耐久消費財産業から川上の素材産業へ需要拡大が波及することを通じて、投資が投資を呼ぶ高度経済成長の実現に貢献[52]することとなった。

　そのような経済成長の結果、有業人口に占める農林水産業の割合は、戦前の4割弱から高度経済成長期後の80年には1割弱へと縮小し、また国内総生産に占める農林水産業の割合も約20%から5%程度へと低下したのである（図・表10）。

　高度経済成長は、日本の国の姿を、戦前の東京など一部の都市を除いて国土全体が農業・農村型国家と言える状態から、国土全体がさしずめ都市型国家と言える状況へと大きく変貌したともいえる。言い方を変えれば、日本経済における農業の地位は、戦前の経済を支えていた状態から無視し得るほどの大きさに縮小したのであった。

---

51. 並木正吉『農村は変わる』、1960年参照。
52. 吉川洋『高度成長 日本を変えた6000日』、2012年参照。

図・表10 日本経済の発展過程における農業の地位の変化

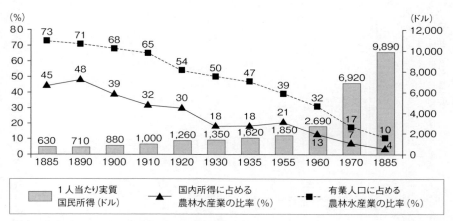

武本俊彦「食と農の『崩壊』からの脱出」(農林統計協会) の 35 頁から

3. 食管制度の運営

　高度経済成長期では、国民の所得水準の向上に伴い、米に対する国民の
ニーズは空腹を満たすためたくさん食べたいものから量よりもおいしいお米を
食べたいことへと変化し、その生産のあるべき姿もプロダクト・アウト型経営から
マーケット・イン型経営に変化することが求められた。しかし、配給統制原理を
前提とする政府米[53]では量の調整はできても、味に関する消費者ニーズに的確
に対応することはできなかったことから、消費者のおいしいお米が食べたいとの
ニーズを埋め合わせるものとしてヤミ米[54]が増大していった。

　所得水準の上昇に伴い、畜産物・植物油脂の消費が増大する一方で、米の
消費量は1960年代前半に減少傾向をたどっていった。すなわち、1人当たりで

---

53. 政府米とは生産者に政府へその生産した米を売り渡す義務を課し、政府が買い入れた米を政府が許可した流通業者に
　　売り渡すことを通じ、生産者から消費者まで、決められたルートを経由する米のこと。
54. ヤミ米とは生産者が政府への売渡義務を犯して政府以外の個人・業者に売り渡した米のこと。

図・表11 米の全体需給の動向（昭和35（1960）年以降）

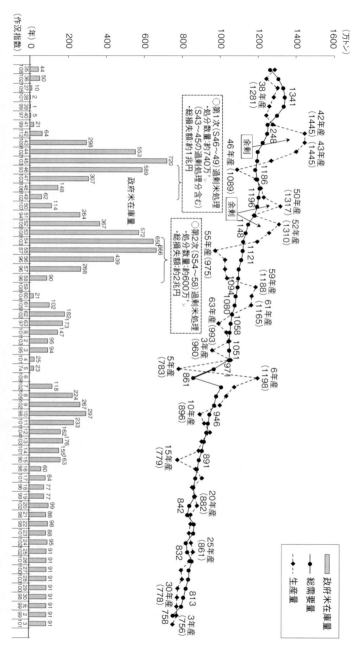

注1．政府米在庫量は、外国産米を除いた数量である。／2．政府米在庫量は、各年10月末現在である。ただし、平成15年以降は各年6月末現在である。／3．平成12年10月末の政府米在庫量は、「平成12年緊急総合米対策」による援助用隔離等を除いた数量である。／4．総需要量は、「食料需給表」(4月～3月)における国内消費仕向量(降稲を含み、主食用(米菓・米穀粉を含む)のほか、飼料用、加工用等の数量である。ただし、平成5年以降は国産米のみの数量である。／5．生産量は、「作物統計」における水稲と陸稲の収穫量の合計である。

農林水産省「米をめぐる関係資料」(令和4年7月)スライド5

は1962年度（118.3kg）にピークを、また総量では1963年度（1,341万トン）にピークを迎え、それ以降現在に至るまで減少が続いている（図・表11）。

　米の需給については、当時政府に設置されていた農林漁業基本問題調査会による答申「農業の基本問題と基本対策」（1960年5月）には、米の1人当たり消費量が所得水準の上昇に伴い早晩ピークアウトすることから米の過剰問題が生じる可能性があるとし、米の管理制度については抜本的検討を要する段階にあると指摘された。しかし、当時の農林水産省（食糧庁）は、「農業の基本問題と基本対策」で示された方向とはいわば真逆の方向を選択した。生産者米価の決定方式について、1960年にそれまでのパリティ方式[55]から生産費及び所得補償方式[56]に変更した。

　その結果、都市賃金上昇につれて日本の米価は国際価格の数倍という水準に引き上げられ、生産を刺激するとともに消費を減退させた。すなわち需要を上回る過剰生産が起こり、食管制度が生産者に政府への売渡義務をかけていたことから過剰米として政府に累積された。政府は、過剰米の処理とともに、1971年から米の減反政策の本格的実施に追い込まれることになった。

　このような政策を選択することが可能であったのは、高度経済成長過程で急増した税収によって過剰米の処理に伴う食管赤字の財政負担が容易になったこと、高度経済成長期には賃金が米価に先がけて上昇したことから消費者が米価上昇に堪えられたこと、所得増加の一方で米の消費が減ったこと、すなわち米価の大幅な引上げにもかかわらず、都市勤労者世帯の家計費のうち米に支出された割合は、1955年の13%から、1960年10%、1970年4%、1980年2%と急速に低下したことがあげられる。以上の結果、消費者家計に及ぼす影響は軽減され、1918年のような米騒動が起きる余地はなくなっていた[57]。

---

55. 米価算定の「パリティ方式」とは1946年にGHQの指示により急遽採用された「価格パリティ方式」から始まったもの。
56. 生産費及び所得補償方式とは限界地における米生産費を生産者米価とするものであるが、米生産費の計算に当たって農家の自家労働を、それまでの農村部の賃金に代えて、都市勤労者の賃金で評価することにしたもの。
57. 速水佑次郎・神門善久、前掲書、2002年、pp152-154参照。

　賃金上昇に伴う米価引上げによって増産した米は、生産者から政府への売渡量の増加につながったこと、生産者から高く買って消費者用には安く売り渡した結果、食糧管理特別会計に赤字が累積したこと、需要を上回る米は結果として政府の倉庫にたまることになり、700万トンを超える米が過剰在庫となった。その処理の方法としては、海外への援助を名目とする輸出や家畜の飼料としての安値売却を行ったため、財政負担として総額1兆円を要した。

　需要を上回る生産によって生じた過剰在庫を解消するためには、市場メカニズム（米が足りなければ価格が上がり、米が余れば価格が下がること）によって需給調整を機能させることが基本であるが、当時の政府はそのような方向ではなく、配給統制原理を基本とする制度の運用改善という数量調整を行うことで対応した。すなわち、政府への米の売渡しに関して「無制限買入」を意味していた食管法第3条の「政府への売渡義務」の条文を法律改正によって修正するという手法をとらず、国会の議決を要しない政令を改正することにより、政府が買入せずに一定の流通を認める「自主流通米制度[58]」を創設（1969年）するとともに、「無制限買入」を当然の前提とする第3条の規定を改正せずに「買入限度数量」の設定（1971年）を可能とする制度も政令によって対応することとした。さらに、生産調整については、通達（政府が作成した法律の解釈及び運用の基準に関する指導文書）によって、本格的に米の減反政策[59]を導入（1971年度）した。なお、米の生産力増大をもたらす新規開田の抑制は1969年に決定され、1972年度には米の消費者価格が物価統制令から外され、小売業者の参入規制が緩和された。

　こうした食管法の運用改善による対応は、法律よりも下位の法令（行政命令）への広範な委任が可能とされていた「明治憲法下に制定された食管法」なれ

---

58. 自主流通米とは政府買入数量を減少させ、食管の赤字を減少させることを目的に、政府の策定した計画に基づく流通ルートに米を流すことを条件に、消費者に好まれるおいしい米は政府を経由しないで流通させることを認めるもの。
59. 米の減反政策とは価格維持の観点からは生産者のための政策ではあったが、食管法を前提にすれば、食管法の維持のために行われたもので、第一義的には「国のため」にやらされているものとの認識を生産者に植え付けることになった。

ばこそできた手法であり、このような法律に規定された内容を国民主権が規定される現行憲法の下で立法化することは不可能である。そもそも主食である米政策の在り方について、国民が選挙によって選んだ代表者によって構成される国会での議論を回避することは、憲法上の適正手続きに基づいた「食と農をつなぐ制度」として位置付けられるものかどうか疑問なしとしない。

こうした米制度の見直しのあと、1973年の第1次石油危機、食料危機、狂乱物価などの影響により米の消費減退が一時的に止まる気配となったことから、政治家と農業団体の強い要請を踏まえ、1974年から米の減反政策の緩和に転換するとともに、それまで数年間の米価据置きから引上げに転換した。その後、景気回復に伴って米の減少傾向が再開し、米の豊作基調が続いたことも重なって、再び米の過剰在庫を抱えることとなった。第2次過剰米処理対策（1978年〜1983年）は、処分量約600万トン、総損失額約2兆円を要した。

日本の米価政策において2度にわたる過剰処理に追い込まれたことは、市場メカニズムを科学的に分析し、その政策の効果をきちんと評価し、その評価結果を踏まえて必要な見直しが行われなかったことによるものである。言い換えれば、生産者に政府への米の売渡義務をかけるという米の全量管理制度の下で市場メカニズムの働きを無視すれば、売れなくなった米はすべて政府倉庫に運び込まれて過剰在庫となるというリスクがあるのは自明のことであった。このことを冷静に検討しないまま農村と都市との生活水準の均衡を米価によって実現しようとした結果にほかならなかった。

4. ウルグアイ・ラウンド（UR）農業交渉の結果と食管制度の改革

（1）UR農業交渉における米の交渉方針と交渉の概要

UR農業交渉では、1991年12月にガット事務局長のダンケルから「市場輸出補助金」「国内支持（国内補助金）」「市場アクセス」に関する最終合意案（ダンケル・テキスト）

が提示され、これをベースに交渉が行われることとされた。このダンケル・テキストは、輸出補助金と国内支持は削減を求めるといっても一定程度に限っているのに対して、輸入制限措置はすべて関税に置き換えるという意味で例外を認めない包括的関税化を義務づけていた。

これは、輸出国にとっては輸出を増やすことができる極めて有利な内容となっているのに対して、日本のような輸入国にとって国内の安定供給の観点から国内生産の増強を図ることが困難となることを意味することから、権利と義務のバランスを失しているとして日本は例外を認めない包括的関税化には強く反対を表明した。なぜならば、当時の世界の貿易体制は米国一強の下で「経済学の原理」に従って行われるものであり貿易秩序を混乱に貶める勢力が出てくることは基本的にないことを前提に、多国間貿易体制を全面的に信頼しろといわんばかりの考えに立脚するものであったからである。

日本政府（食糧庁）の交渉スタンスは、包括的関税化を受け入れることは国民の主食である米の需給と価格の安定を図る食管制度が維持できなくなることを意味することから、受け入れできないというものであった。

食管制度とは、米の全量管理を前提に生産者に政府への米の売渡を義務づけ、流通する米は国から許可を受けた業者に限定することによって、配給制度を維持するものである。しかし、輸入制限措置を関税化することは、関税を支払えば誰でも好きなだけ輸入ができるとともに誰にでも自由に販売できるようになることを意味するものである。それは政府によって国内の米の需給と価格の安定を図るために用意をしていた生産者の政府への売渡の義務、米の流通に携わる業者の許可制などが維持できなくなることを意味するからであった。

したがって、食管法の根幹を維持することができるよう、関税化の例外を要求することにしたものであった。当時の塩飽農林水産審議官と米国農務省のオメーラ交渉官との日米ハイレベルの交渉（関税化の例外措置の在り方）が開始された。それに合わせて、日米間の技術的な協議も促進された。そうした日米間の交渉を通じて最終的には包括的関税化の特例措置（関税化の例外措置）を講ずることができるようにすることで合意が成立した[60]。

合意内容は、関税化を受け入れた場合、それまでの輸入量が基準期間（1986～1988年度）の消費量（当時の日本の消費量：約1,000万㌧）の3%未満の場合にはミニマムアクセスとして初年度3%（約30万㌧）から始まり最終年度5%（約50万㌧）に相当する割当枠を設定する義務を負うことになる。包括的関税化の特例措置の場合には「加重されたミニマムアクセス」（初年度4%（約40万㌧）から始まり最終年度は8%（約80万㌧））の割当枠の設定が義務付けられることになった。日米政府間で合意された内容は、UR農業交渉プロセスに載せられ、最終的に多国間ベースの合意（1993年12月15日）となった。

（2）食管法改革への取組の必要性

　ECは、UR農業交渉において日本と異なりきわめて戦略的に巧みな対応を行った。すなわちUR農業交渉という外圧を域内各国に使って共通農業政策（CAP）の改革案[61]を1992年7月にとりまとめた。この改革案による直接支払いは個別の作物生産とリンクしていた。ダンケル・テキスト上の「削減対象」とならない条件としては個別の作物生産とリンクしていないこととされていることから、削減の対象となってしまう。直接支払いが削減対象となってしまっては、直接支払いによる域内生産の維持が困難になることを意味することから、域内での合意が得られない恐れがあった。このため削減対象の例外となるよう、ダンケル・テキストの修正を米国と交渉することとした。

　ECは、米国との交渉で米国が最重要視していた包括的関税化について受け入れることとし、その代わりに関税化をして関税率を削減する場合にその関税削減に伴う農家の収入減少分を直接支払いで対応することから、その直接支払いが削減対象とならないようにするためにダンケル・テキスト（国内支持のうちの黄色と緑の施策の基準の見直しというテクニカルなもの）の修正を求めることとしたものである。米国もUR交渉の妥結を急いでいたこともあって、最終的に「黄」でも「緑」でもない「青」の施策の範ちゅうを創

---

60. 日米間の米交渉は、政府間の交渉と並行して食糧庁と米国コメ業界との交渉が行われた。その経緯は、武本俊彦『食と農の『崩壊』からの脱出』、2013年、「第4章 米の管理制度の転換の行方」参照。
61. 関税の引き下げを可能とするための域内支持価格の引下げとセットで直接支払いを導入すること。

設することについて1992年11月米国に認めさせた（ブレアハウス合意）。米EC間の合意内容は、UR交渉プロセスに載せてダンケル・テキストの修正を実現させ、CAP改革の実現を図っていくという「巧みな交渉戦略」をとったと評価されている。

　これに対して、日本の場合は食管法の根幹の維持という交渉目的は達成できた。しかし、食管法はUR農業交渉の開始以前からすでに限界に達していた。その見直しは待ったなしの状況にあったと言えよう。一方で食管法の見直しについては、UR農業交渉中であること、国会では「米の自由化反対に関する決議」（1988年9月20日衆議院本会議［全会一致］、同月21日参議院本会議［全会一致］）をはじめとする累次の決議が行われていたこと等を理由に、全く取り組んでこなかった。

　しかし、食管法見直しを先送りとした理由であるUR農業交渉が終了した以上、その抜本的改革はいわば待ったなしの状況となったと言えよう。

（3）食管法の廃止と食糧法の制定

　農林水産省は、1994年2月から制度改正について内々の検討を始め、4月早々に「食管制度改革検討室」（室長は著者）を立ち上げて正式に検討を開始した。

　今後の農政のあり方を検討していた農政審議会が1994年8月に公表した「新たな国際環境に対応した農政の展開方向」で、米の需給及び価格の安定が適切に図られるよう、現行の生産調整・管理の制度及び運用について抜本的な見直しを行うことが必要であること、新たな米管理システムは食管法にこだわらず、新たな法体系を整備すべきであると結論づけた。

　当時の米の需給は、1993年の米の凶作によって、1994年の1月から2月にかけて米の小売の店先から米がなくなり、各地で消費者が店の前に長蛇の列をなした。「平成米騒動」と呼ばれる事態が出来したのである。消費者が必要とする米の供給が滞る事態が起こらないようにすることが食管法の存在意義であるにもかかわらず、食管法はほとんど適切に対応できなかったのであった。その結果、多くの国民の食管法に対する信頼が喪失したと言っても過言ではない。こうした状況に加え、農政審議会報告の趣旨を踏まえ、この機会に「食管法の廃止」を実行しなければ、米農業の活性化にとってその機

を逸してしまうのではないかと考えるようになっていくのであった。

「食管法の根幹」を維持する前提となる「包括的関税化の特例措置」とは、即時に「関税化」を実行する代わりに、代償（ミニマムアクセス米の一定量を加重すること）の支払いを条件に「関税化」の実行について6年間の延期を許容するものである。さらに7年目以降も延長したければ、追加の代償を支払うと延長が可能になるというものである。加重された「ミニマムアクセス」は基準期間の消費量で固定されることから、米需要が減少している日本では、1000万㌧の8％＝80万㌧は消費量が減少して800万㌧になれば80万㌧は実質10％になってしまうことを意味する。したがって、国内の米農業に重大な悪影響を与えることになる可能性を考えるといつでも関税化を選択できるようにしておくことが重要となってくる。食管法を廃止したのは、将来関税化を選択する場合、そのときの政治状況にもよるが、食管法の存在がそのネックになる恐れがあると判断したからといえよう。

1）あるべき姿の考え方

米の需要が減少し、米に対する消費者のニーズが多様になっている中で米の需給と価格の安定にとってあるべき姿とは、前述したこれまでの食管法の運用改善とそのもたらした結果を踏まえると、消費者のニーズにかなった米の生産が行われ消費者に対して安定的に提供されることが基本であり、そのためには価格メカニズムが機能するようにすることが何よりも重要となる。このため、市場メカニズムを前提に、生産者の作る自由と売る自由を尊重しつつ計画的な生産への参加を選択肢とするシステムとするのが適当ではないかと著者は考えた。

以上の理念を実現するための制度改革の方向として、食管制度改革検討室での初期の検討案では、米の需給調整を選択した生産者には米国型の「不足払い」（生産コストと市場価格との差額を税金によって補填するもの）を支給することによって、緩やかに需給と価格の安定を図るとともに、消費者ニーズにかなった米作りを行う多様な生産者の創出を図るというシステムが考えられた。つまり、セーフティネット付きの市場メカニズムの導入である。なお、不足払いの財源は、その当時の減反に要する補助金と自主流

通米の補助金を充てることを想定していた。

このような米の需給調整はいわゆる選択制を前提とする生産調整政策であるが、選択制とすることは生産が過剰気味になることから米価は需給均衡水準に向けて低下していくと考えられる。一方、価格支持政策によって実現していた所得の確保の機能は、需給調整に参加した生産者に対する不足払いによって実現することになる。

政府による米の買入・売渡・在庫管理については、政府の保有する在庫は消費者対策としての備蓄と位置づけ、2度の過剰在庫処理に合計で3兆円もの税金を投入していること、食管法の下では公正さを旨に政府は在庫管理をする結果、売れない在庫を抱えてしまうことになったことから、市場メカニズムを基本とする新たなシステムの下では在庫水準は必要最低限とすることが適当である。その上で政府による買入・売渡は、市場メカニズムを極力歪曲することがないよう、農家からの買い入れ、卸売業者への売渡に限ることなく、市場からの買入・売渡もあり得ることにし、米の先物市場の創設も視野におくことを検討することとしてはどうかと考えていた。

2) 現実に選択されたシステムの考え方

このあるべき姿への改革案に対しては、農林水産省内から強い反対の声が起こった。まず、国内流通が原則自由となると、主食である米の商品特性から投機の対象ともなって、米価の騰落を招き需給と価格の安定が図れなくなること、次に、戦後最悪の凶作（1993年産の作況指数：74）の後に豊作基調となっていた当時の米の状況では、米の需給調整を選択制とすると過剰基調に拍車がかかり米価の下落を招き需給均衡の確保が困難になること、さらに、転作にかかる補助金は、米の需給調整のメリット措置として導入されたとの経緯はあるものの、いまや生産政策上の重要な手段となっており、これを不足払いの財源に充当することは自給率向上の観点からの小麦、大麦、大豆等の振興が困難になること、最後に、このシステムでは需給と価格の安定に対する最終責任は生産者が負うことになり、米も他の作物と同様の考え方に立脚することになることを意味するが、それでは現在ある食糧庁という組織と定員は不要ということになるというものであった。

これらの反対論は、市場メカニズムが機能する制度に転換する場合には市場メカニズムを補完する「食と農をつなぐ制度」を用意するとの考えではなく、市場メカニズムの下に主食である米の需給と価格を放り出すかのような前提に立った議論であった。すなわち、価格が上がれば消費者は米から麦製品などへ需要をシフトさせ、また、価格が下がれば米以外を食べていた消費者は米を食べるようになったり、新製品の開発の可能性が増えていくことによって需給は改善される。こういった価格メカニズムは、全く働かないかのような前提に立った立論であった。さらに、全量管理から部分管理に変わり、食管制度を廃止して新法を制定するということは、全量管理と配給統制を前提に作られた食糧庁及び食糧事務所の体制が生き残ることは論理的にあり得ないことは制度改革検討における所与の前提であったはずである。米から小麦、大豆への転作の奨励補助金を不足払いに転換する関係では、米からの転作の実態がいわゆる「捨てづくり」の場合が多く、その改善がほとんどなされていなかった状況を棚に上げて自給率論を唱えることは奇妙奇天烈な論理といえる。要すればUR農業交渉が終わり、需給調整に関する国の権限・組織・予算が温存できる状況になり、市場メカニズムを基本としたシステムに転換して権限・組織・予算を削減する必要はないとの判断から、現行制度の最小限の手直し程度でよいという意見にほかならず、こうした意見が組織の中に横溢した結果ではないかと考えられる。ECのCAP改革のように交渉の過程で「危機感」を共有するのでなければ、大きな制度改革はできないということを証明するものである。

　いずれにしても、食管法の廃止は、好むと好まざるとに関わらず、市場メカニズムが米の生産・流通・加工・消費の分野にフルに貫徹することになり、それを一定程度制御する制度（例えば計画的な生産と不足払い）を装備しないと、需給と価格が不安定化することになることを意味する。しかし反対論には新しい法体系において食管制度における統制的要素（後述の下線部分）を残せば問題はないと考えていたのである。

　以上の反対論に対応し1995年4月から新法を施行する必要があったため、1) のあるべき制度の考え方を次の方向に転換することとなった。すなわち、それまで運用として行っていた生産調整を法律上の措置（法律違反が起こっても法律上のペナルティはない）として位置づけること、食管法で規定する生産者の政府への売渡義務は廃止（この

ことはいわゆる「ヤミ米」が合法化されることを意味）する一方で、新たに計画的な生産と出荷の指針（前年11月ごろ策定）をあらかじめ生産者に示した上で、生産者からの申し出を前提に定めた計画出荷量に関してのみ出荷義務（この義務に違反した場合の法律上のペナルティはないこと）を課すこと、この出荷義務を前提に、米の集荷・販売の業者を登録制の対象とすること、米の生産地から消費地までの計画的な流通を確保するための計画流通制度を創設すること、これまでのヤミ米を食糧法上は合法的な存在とし計画流通制度の外側に存在するものと位置づけたこと、また、政府の業務としては、備蓄とミニマムアクセス制度（国家貿易措置）の運営に限定すること、政府米の買入は生産調整実施者から行い、売渡は卸売業者等に行うこと、需給及び価格の安定に関する基本指針（食糧法第2条：いわゆる政府の心構え）を法律上規定したことである。

　こうした改正の方向は、「あるべき姿」から「食管法と強い継続性の感じられるもの」へ変質させたように見える。しかしそれはまさに「見た目」の継続性であって、食糧法は、食管法のような強力な統制手段（生産者に政府への売渡義務を課す、流通段階の許可制を前提とする配給制を導入する、米価は国家が統制する）がなくなった結果、全く別物となったのである。

　しかも、あるべき姿で導入しようとしていた装置（生産者・生産者団体が当事者となることを前提に、緩やかな需給調整の手段であるとともに農家の収入を安定させるため計画的な米生産に取り組むことを目的とする不足払いを導入すること）も導入されなかったのである。

　このような米の需給と価格の安定に関する装置もなくスタートすることになったこの制度が許容されたのは、この制度に関わるステークホルダー（政策当局、生産者・生産者団体、流通業者、消費者など）の多くが、食糧法の下で行われる生産調整は引き続き国のために実施される対策であり、食管法程度には需給と価格の安定が図られるはずだと思ったからではないだろうか。しかし、当時の経済環境はそのような政策で効果が上がることを許す状況ではなかったのである。

　導入時期はまさにバブル崩壊後のデフレ経済下であった。米をはじめとする農産物については、需給調整を行っても価格は下落を続ける状況に陥ったのである。後から考え

れば、多くの国民の所得が減少基調に陥ったのであるから、需要が減少を続けることになり、供給を絞ったとしても価格は下がり続ける悪循環に陥っていたのである。こうした局面では、価格を維持するための生産調整を強化する政策ではなく、価格は基本的には需給による形成に任せ、政府はこれに介入するのではなく、直接支払いなどによって経営安定を図る局面であったのである。農産物価格が上昇基調をたどっていた当時の欧米諸国と比較して唯一のデフレ経済に陥った日本では、農産物価格は下落基調をたどっていたことから、まずは経営安定のためのセーフティネットを張ったうえで、時間をかけて経営能力を持ちイノベーションを駆動し得る経営者を創り出す経営政策を展開することが必要であって、そうした政策体系を用意しないままでフルに市場メカニズムを効かせてしまえば、日本農業の衰退が本格化してしまったのはしごく当然のことであったと言えよう。

　なお、食糧法はその後、米の関税化に伴う改正（1999年）、計画流通制度の廃止を含む食糧法の抜本改正（2003年）が行われた。

　また、食糧庁及び食糧事務所は、米の全量管理を規定する食管法を執行する組織として1949年に誕生した。1995年に食管法は廃止され、米の部分管理を規定する食糧法が施行された。また、2000年に改正された農産物検査法により、米・麦などの品質・等級の格付けについて国の職員が独占的に行う「国営検査」を5年かけて民営化することとなった。すなわち、全量管理を前提とする食管法が廃止され、農産物検査の完全民営化が決定されたことは、その制度を執行する食糧庁及び食糧事務所は2005年までには廃止を含め大幅な縮小が不可避となったことを意味した。2001年9月の牛海綿状脳症（BSE）発生に伴うリスク分析の手法が行政組織に導入されることとなり、リスク評価機関として食品安全委員会の設置、リスク管理機関として消費・安全局の設置等の新たな組織の創出[62]のために、食糧庁及び食糧事務所は2003年7月に廃止することとなった。

　このような経過を通じて、食管法と食糧庁は廃止されたものの、米の生産調整は存続している。需要に応じた多様な米を安定的に供給する経営を育成するには、市場メカニ

---

62. リスク分析の導入の経緯等については、＜補論3＞食の安全のためのリスク分析の導入を参照。

ズムの下で、マーケット・イン型の経営を育成することが重要な課題である。しかし、統制的手法の色彩の残る国の指示・奨励に基づく生産調整を継続させていけば、市場メカニズムが十全には機能しない状況が続き、需要動向を把握し先行きを的確に判断するマーケット・イン型経営は育ちにくいことになる。

（4）2018年度の米政策見直しの概要とその評価

1）2018年度の米政策見直しの概要

　米の生産調整（以下「減反政策」）の基礎にある「米の需給と価格の安定についてはすべて国の責任」という考えはもともと食管法第3条（米の生産者の政府への売渡義務）の存在を前提にしたものである。同法の廃止によって当然に国の責任というものは消滅したはずであった。しかし、政治過程や行政運用の面において、国の責任という意識はその後も残ることになった。このようにステークホルダーの意識転換が行われないのは、食管法時代から始まった米の減反政策が基本的に続いていることも一因である。

　米の減反政策については、2013年12月に決定された「農林水産業・地域の活力創造プラン」において、次のように決定された。まず、水田活用の直接支払交付金の充実、次に、中食・外食等のニーズに応じた生産と安定取引の一層の推進を図り、きめ細かい需給・価格情報、販売進捗・在庫情報の提供等の環境整備を進めること。こうした中で、定着状況を見ながら、5年後の2018年を目途に、行政による生産数量目標の配分に頼らずとも、国が策定する需給見通し等を踏まえつつ生産者や集荷業者・団体が中心となって円滑に需要に応じた生産が行える状況になるよう行政・生産者団体・現場が一体となって取り組むこととした。

　そのための手段として、米価変動補填交付金は2014年産米から廃止し、米の直接支払い交付金（民主党政権で導入されたもの）は2014年産米から7500円／10㌃に削減した上で、2018年産米から廃止する。一方で、主食用米とそん色のない水準を確保する観点から飼料用米に収量に応じた助成金（最高105千円／10㌃）を交付する。これらの措置は、主食用米価格を維持することを目的に講じることとされたが、5年間にわたる膨大な財政支援によって主食用米の高い価格水準を維持することを宣言したことに

ほかならず、農業経営者自らが創意・工夫をして収益性の高い水田農業を実現しようとする意識改革を阻害してしまったのではないかと考えられる。

特に、今後の人口減少・超少子高齢化の進行は、米の消費量の減少の度合いを強めていくことが見込まれること、米消費は、生活パターンの変化に伴い、家庭での炊飯から外食・中食へと、より一層シフトすることが見込まれること、そうした状況を踏まえると、所得維持のために米価を高止まりさせれば、主食用に比べ安価な業務用米・加工用米の生産が縮小し、その結果として輸入米への依存を強めることになる恐れがある。このことは、農業経営者の主体的な経営判断（いわゆる「マーケット・イン型経営戦略」）をゆがめることになる恐れがある。

したがって、国の意図が、主食用から業務用・加工用までの多様な米需要に応じた供給構造を確立すること、園芸作物などを含めた水田農業の経営安定を図ることであるならば、飼料用米への助成などを通じた米価維持を基軸とする現行政策の基本的考え方や、農林水産省により毎年行われている「米キャラバン」という実質的な需給調整強化運動に政策的な正当性はあるのかが問われることになる。

2）見直し政策の評価について

国による配分の廃止の結果、生産量にどのような影響を与えたのか。

2018年産から2023年産については、米産地の対応は総じて慎重な姿勢を維持したことに加え、米の作柄概況もおおむね平年ベースで推移している。しかし、需要面では、2020年産以降はコロナ禍で外食用等の業務用の需要減少によって、また、2022年産以降は、ロシアによるウクライナ侵略等などによって農業資材・燃料価格の高騰が続いている一方で消費者の実質所得が下落に陥っていることから、厳しい経営状況が続いている。いずれにしても、以上の論点を踏まえると今回の生産調整の見直しは、農業者の主体的判断による自主的な需給調整への取組にはほど遠いものである。

それでは、どうすればいいのか。消費者にとって米は、主食という存在よりも他の食品と同じ競合する食材の一つとなっていること、米の食べ方も家で米を炊いてご飯で食べる形態から包装米飯やレトルト食品として消費しているなど多様化していること、共働き

世帯が一般化し高齢者をはじめ単身世帯が増え簡便化・時短化が重視されてきていることから、米消費の多様化に加え超少子高齢化による人口減少が起こっている経済・社会の変化を前提にすれば、数量ベースの需給調整（減反政策）はうまくいく可能性は低いと考えられ、消費者の多様なニーズを探る指標は数量ではなく、価格を重視すべきと考えられる。

図・表12　長期的な主食用の米価格動向

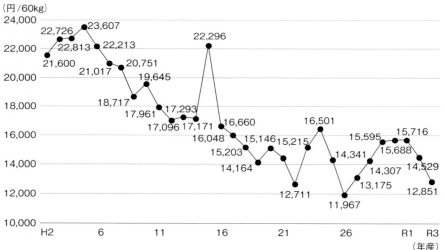

（円/60kg）

資料：(財)全国米穀取引・価格形成センター入札結果、農林水産省「米穀の取引に関する報告」
注1：平成2〜17年産までは(財)全国米穀取引・価格形成センター入札結果を元に作成。
注2：平成18年産以降は出回り〜翌年10月（令和3年産は令和4年6月）までの相対取引価格の平均値（令和3年産は速報値）。
注3：センター価格は、銘柄ごとの落札数量で加重平均した価格であり、相対取引価格は、銘柄ごとの前年産検査数量ウェイトで加重平均した価格である。
農林水産省「米をめぐる関係資料」（令和4年7月）スライド6

　しかし、図・表12の「長期的な主食用米の価格動向」に示されるデータは、JAやJA全農などの出荷団体と米卸との間の相対取引価格であって、いわゆる需要（複数）と供給（複数）の事業者により自由に形成された価格の動向を示すものではない。つまり、現在のところ米には現物の取引市場がないために、米の生産・流通・加工・消費に関わるステークホルダーの信頼できる指標価格が存在していない状況である。

したがって、政府が取り組む課題は、米の価格は需要と供給による価格メカニズムに
よって形成されるようにし、いわゆる政府の関与による需給調整（減反政策）や価格の
変動を抑えるための価格支持政策はやめること、多様な経営体からなる米の生産構造
については、国内外の需要・価格の動向に応じて柔軟で安定した供給ができる体制を
整備すること、その際、スマート農業など先端技術の導入に適合した生産基盤を整備す
ること、現物市場などで形成される価格が米のステークホルダーにとって需給の指標と
なるように必要な環境を整備すること、その指標価格を基に市場関係者の合理的な行
動（需要の動向に応じた生産）を促す措置を講ずること、それでも農業経営にとって意
図せざる困難をもたらす場合（予想外の大きな豊凶変動、海外でのエネルギー危機な
どによる価格の大きな変動）に備え、農業経営の安定のためのセーフティネットの仕組み
（例えば、先渡し契約の締結の促進、先物取引制度の整備、直接支払いの導入など）
を検討することである。

　なお、市場における適正な価格形成を実現する仕組みについては、第6章の3の（1）の
「4）適正な価格形成の在り方」を参照すること。

（5）米政策の小括

　米は、日本人にとって主食であり、また、日本の気候・風土にとって最も適した作物で
あったことから、明治初頭の北海道を除くいたるところで生産されていた。さらに米は、年
貢という税金として徴収され、大阪に集められた後現物貨幣として全国的に流通されて
きた。その結果、米は、政治的にも、経済的にも、社会的にも重要な「もの」であったこと
から、需給と価格の安定は江戸時代から重要な課題であった。

　明治維新以降、欧米列強による植民地化を避けるために中央集権国家として独立
を維持し、近代化を急速に進める必要があった。近代化の原資としては農業余剰を生
み出すものとして米があった。近代化の過程で戦争や災害等により米の騰落がおこると
社会的不安が現出するようになるので、明治政府にとっては米の需給と価格の安定を
図る仕組みを導入することは最重要課題であった。当時は所得水準が低く、食生活に
おける米の重要性の高い時代であったので、統制的手法を導入したのは妥当であった。

特に主食としての米の需要が増加している段階で発生する米不足に対しては、消費者に米を平等に配分する制度としての食管制度は合理的なものであった。

しかし、所得水準が上昇し国民の米へのニーズが「高くてもおいしいお米を食べたい」という状況になると、消費者のおいしい米を食べたいとのニーズに対応できたのは数量調整を行う政府米ではなく、ヤミ米であったのである。つまり米の需給が緩和する時代の需給の調整は数量による調整ではなく、価格による調整の世界なのである。この段階から配給統制の破綻が始まることからすれば、価格メカニズムを導入する制度改革に取り組むべき時期であったといえるが、そこでとられたのは統制的手法を前提とする数量調整の運用改善（自主流通米、生産調整の導入）であった。

1回目の過剰米を抱え込んだ後に行われた運用改善では、2回目の過剰米を抱え込み、その処理に2兆円を負担することに追い込まれた。その時が次の改革に取り組むべき時期であったが、これも数量調整の運用改善（主として生産調整の強化）で対応していった。

そして、ウルグアイ・ラウンド農業交渉の結果を踏まえて食管法を廃止したが、その内容は食管制度に類似した制度（計画流通制度など）を導入する一方で、必要なセーフティネットを張ることもなく市場メカニズムの全面的な適用をデフレ経済下で行ったのである。その結果、農産物価格の下落に伴う所得の減少に十分に対応できない状況となり、農業の衰退を招くこととなった。

---

63. 直接支払いの導入については、「過去の政策では、直接支払いをした分、価格下落を招いたこともあったとし、『これでは直接支払いの効果はなくなってしまう』と指摘した」（日本農業新聞2023年11月23日）という考えがあるようだ。これは、公開の現物市場のない米においては、相対取引において（生産者から委託を受けた）JAないし全農県本部は売り手の卸売業者等から、過去において直接支払い相当額の値引きを求められ、これに応じざるを得なかったということで、導入には反対だということのようだ。まず、こうした事態が起こっていたとすれば、買い手による「優越的地位の乱用」の事例に該当する可能性があり、競争政策当局あるいは産業政策当局と相談して公正な取引環境を回復する努力をしたのであろうか。また、こうした事態を示す客観的なデータを委託した生産者だけでなく納税者、すなわち国民に開示するべきであるがそうしたことはしたのであろうか。さらに、事前に生産者の同意、納税者の同意もなく、卸売業者等に受益させたとすれば、一種の背信行為に該当する恐れがある。したがって、生産者団体は対外的な説明をきちんと行うべきであり、そもそも相対取引のような密室での取引をやめて、公開の現物市場の構築に生産者団体も協力することが先決である。価格低下の原因を直接支払いの導入に結びつけて反対の理由とすることは筋違いではないか。なお、第1章の3及び4、並びに（参考）農業協同組合制度の在り方と競争政策との関係を参照。

2018年の生産調整の見直しにおいても実質的には米の政策の内容に変更はないことから、このままでは稲作農業の衰退には歯止めがかからない恐れがある。したがって、今回の基本法の見直しに際して、稲作農業の経営安定のための政策（直接支払い[63]など）を導入することが必要である。

第4章 食料システムの基盤を確保する 農村・地域政策の在り方

　本章では、農村政策、地域政策、土地利用制度の変革を説明し、その果たしてきた機能を明らかにする。その上で、農林水産省の説明する農村政策とは、結局、農業・農村を支える地域資源（農地・水利・道路など）について地域の非農業者を含む構成員によって維持管理されることを通じて農業構造の改善を促進するための補完的な措置であったことを明らかにする。また、今後の情報化の進展などによって農業・農村が他の産業や非農業者との協働をおし進めることが見込まれることから、内発的な発展を前提に地域経済循環を構築していくとともに、そうした政策を推進していく上での基盤となる土地の計画的利用制度を構築する必要性を明らかにする。その上で、それらを統合した農村・地域政策を構築することを提案する。また、この制度が構築されることを前提に、農地改革の成果の維持を目的とする農地制度の抜本的改革を提案する。

1. 食料・農業・農村基本法に 「農村の振興」の規定が登場

　農林水産省が所管する法律には、農村や農村地域を定義したものはなかった。したがって、農村地域を対象にどのような振興策を講じるのかについて、法律上の規定もなかった。そうした状況下で、1999年に制定された食料・農業・農村基本法によって、農村の基本理念と農村政策の基本（＝農村の振興）が規定されることとなった。

（1）現行基本法制定前の「農村の振興」の位置づけ
　農村地域の住民が主として農民で占められ、その主たる産業が農業である

時代においては、農業振興と農村振興とはおおむね一致していた。したがって、農業の振興が図られれば、農民の生活水準の向上をもたらすという関係（農業の振興＋農民の生活水準の向上＝農村の振興）が成立していた。

　そのような状況において農林水産省は、産業としての農業の振興と農業が展開する農村の振興に関する政策・予算を執行してきた。

　しかし、高度経済成長を通じて日本は農村型社会から都市型社会へと大きく変貌を遂げ、農村地域も同質な農業（例えば「稲作＋α」型農業）及び農業者（例えば「農業部門と兼業部門への就労」）からなる同質的な社会から多様な農業類型（作物の多角化、経営の複合化）に分化しただけでなく、多様な産業（製造業、流通業、サービス業など）が展開され、農業をはじめ多様な職業に従事する住民によって構成される混住化社会が現出した。

　このような農業・農村の実態の変化に伴い、農林水産省が行ってきた農村政策の実態は、農業構造の改善を推進する上で必要となる地域資源（農地、水利、道路など）の管理を、混住化の進んだ農村地域の住民にも担わせる（補完する）ものが中心であった。したがって、地域の振興にとって必要となる地域の産業の発展による地域の居住者の生活と環境を向上させ、その福祉の向上を図るといった性格のものではなかった。

　当時の農林水産省設置法においては、農業の振興は担当することとされていたものの、農村の振興は規定されていなかった。農林水産省は経済官庁ではあるものの地域政策官庁とは位置付けられていなかったからである。

　そうした中で農村の振興を農林水産省が所管することになった理由は次によるものであった。

　1990年代後半、橋本龍太郎政権において中央省庁再編の検討が行われ、その検討過程において、建設省に吸収されることとなっていた国土庁の持っている「農村の振興」という事務が農林水産省に移管されることになった。法的事務として農村の振興を所管することは、政府部内において農林水産省が地域政策の在り方を主導する絶好のチャンスであった。当時の農林水産省は、農

業以外の産業の振興や非農業者の定住条件の改善は農業自体の振興にとっても必要であるとの認識に立って、重要な基盤である農地を非農地化することを切り口に、農地と非農地との利用の整序化を確保する農村計画制度ができないかという問題意識を持っていた。

　農村の振興という事務を農林水産省が所管することは、その制度化の可能性が出てきたことを意味するのであった。

（2）農村計画制度の検討と挫折

　そうしたことを背景に、農林水産省構造改善局の地域計画課（課長は筆者）は、「相当規模の農用地があって今後とも農業振興を図るべき『農村地域』を対象に農業と非農業の計画的な土地利用を図り、農業振興に資する施設とともに、定住条件（就業機会、生活環境等）の整備を図ることができる」ようにする「農村計画制度」の検討を行っていた。

　その具体的な仕組みは、転用後の土地利用が農村計画に沿っているかどうかに応じて農地転用の許可を判断することにするというものである。しかし、こうした仕組みは、優れて都市計画制度の考え方と重なってくるので、立法化することは、農林水産省が農村の振興という事務を所管していたとしても都市計画制度を所管していない以上、単独で行うことは極めて困難と考えられた。

　そのため、都市計画制度と農地制度とのハイブリッドの制度を、建設省と農林水産省との共管の制度として仕組めないかと考えるようになった。建設省がもつ「非農地の開発規制権限」と農林水産省がもつ「農用地区域からの農地の除外・編入の権限及び農地転用許可の権限」をそれぞれ共管という形で制度を構築するという考えである。こうした考え方は、縦割り行政を極力排除するという中央省庁再編の考え方に沿うものであった。

　農村計画制度の創設は、縦割り排除という大義名分を与えるものであり、その当時検討中の食料・農業・農村基本法において農業政策と農村政策とを車の両輪として位置づける具体的な制度として構築する千載一遇のチャンスに

ほかならなかったのである。

　しかし農村計画制度は実現しなかった。農地制度を共管とすることに対して
農地行政の担当セクションは、農地改革以来の農林水産省専管の制度を共管
とすることに対して強く反対するとともに、道路や土地区画の整備に関する事
業セクションは農業・農村整備事業予算も共管の扱いとなるのではないかとの
危惧の念から強く反対することとなり、結局、省内のコンセンサスを得ることがで
きなかったのである。農林水産省内での合意が取れない以上、省外に打って出
ることができないのである。その結果、農村の概念が、法律制度上、明確に規
定されることはなく、また、農村地域を対象とする政策は、各府省が独自の観点
から展開することとなり、それまでと同様、農村政策の司令塔機能を発揮すべき
主体は存在しないまま、縦割りの施策展開が現在でも続いている状況にある[64]。

(3) 食料・農業・農村基本法における農村政策の位置づけ

　食料・農業・農村基本法は、①食料の安定供給の確保、②多面的機能の発
揮、③農業の持続的な発展、④農村の振興の4つの基本理念（図・表13参照）
を規定している。この4つの基本理念は③を通じて①、②、④の3つが実現され
るというのが基本的な構図と考えられ、農業政策が政策体系の中心として位置
づけられている。なお、③と④の間の矢印は双方向の相互規定関係にあるとの
位置付けとも考えられるので、論理的には、④が③を経る格好で①、②に影響
を及ぼす関係にあるとも解する余地を与えている。

　農村の振興については、第5条で次のように規定している。
　農村については、農業者を含めた地域住民の生活の場で農業が営まれてい
ることにより、農業の持続的な発展の基盤たる役割を果たしていることにかんが
み、農業の有する食料その他の農産物の供給の機能及び多面的機能が適切

---

64. 農村振興と農村計画制度については、武本俊彦、前掲書、2013年、第5章の第6節参照。

図・表13　食料・農業・農村基本法の理念

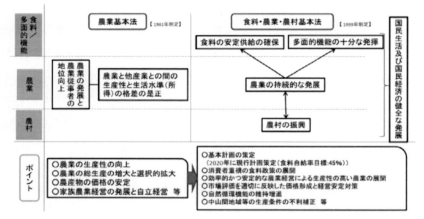

農林水産省「我が国の食料・農業・農村をとりまく状況の変化」スライド4

かつ十分に発揮されるよう、農業の生産条件の整備及び生活環境の整備その他の福祉の向上により、その振興が図られなければならない。

　この基本法の意義は、立法当時の考え方として「農業者を含めた地域住民の生活の場」であることを明確に位置付け「食料その他の農産物の供給機能」だけではなく「多面的機能」が十分に発揮されるようその振興を図ることを宣言した点である。

　しかしながら、そもそも次のような問題があったとされる。

　第1に農業振興を通じた農村の振興は多面的機能を提供するのに必要不可欠な農地の保全・確保とリンクしているのか。つまり、担い手だけで必要な農地の保全・確保が行えるのかという問題である。

　第2に農村政策と他の農業政策、特に構造政策との間には整合性があるのか。つまり大規模化を進める「専ら農業を営む者」等だけで農村地域の土地・

空間の利用の在り方を含め農村の振興が担保できるのか、むしろ高齢農業者や農業生産組織などの「多様な担い手」を統合することが農村政策にとって不可欠の要素ではないのかという問題意識である。日本には平場の農業もあれば中山間地域の農業もある中で、多様な農業が活発になることで所得と雇用の確保が図られ、合理的な土地・空間利用が期待できるという考え方である。

　さらに言えば、農村地域は、農業をはじめ関連する多様な産業の集積と関係する多様な住民の交流・居住の場となっていくことが見込まれ、21世紀における人口減少の加速化等の収縮期において地域の農業と関連する産業の立地・集積を通じて、農業・食料産業の効率性・持続可能性の増大と定住人口・関係人口の確保に努めていくことが必要となってくる。それが新たな農村政策における重要な政策課題となってくることに留意すべきである。

(4) 農林水産省の農村政策の考え方と今後の農村政策の在り方

　現行の食料・農業・農村基本計画では、「農業の成長産業化を促進するための産業政策と、農業・農村の有する多面的機能の維持・発揮を促進するための地域政策を車の両輪として若者たちが希望を持てる『強い農業』と『美しく活力ある農村』の創出を目指し、食料・農業・農村施策の改革を進めてきた」と記述されている。したがって、産業政策とは、農業の成長産業化を促進するためのものとされ、地域政策とは、農業・農村の有する多面的機能の維持・発展を促進するためのものとされている。このような整理の仕方は、極めて農林水産省的な考え方であるように思われる。

　産業政策と地域政策とはどのようなものをさすのであろうか。一般的に、産業政策とは、政府の誘導によって特定の産業の発達を加速したり、保護するなどして産業構造を変化させる政策のことをさす。つまり、農業政策、あるいは農業構造政策といった言い方をすれば足りるのであって、あえて産業政策という用語を使用する必要性はない。

　また、地域政策とは、本章の「2. 地域政策」で詳述するが、要すれば戦後の

経済成長政策が地域間の不均等発展をもたらし、経済的格差の拡大、人口の過密・過疎の是正が求められた結果、登場した政策をさす。地域間の不均衡を是正するために、発展の遅れた地方部の開発に向けた環境条件を整備（産業の再配置と社会インフラの整備）していくための手法として、当初は国が主導する国土開発計画に基づく事業が登場し拠点開発方式などと呼ばれた。高度経済成長が終わり、産業が重厚長大型から軽薄短小型の産業に転換するに伴い、地域開発政策➡地域振興➡地域おこし・まちづくりという名称に転換された。その意味するところは、地域政策の主体が国主導から地方主導へ転換したことである。

　以上の経緯に照らせば、産業政策と地域政策を車の両輪として位置づけるとの農林水産省の主張は、産業政策＝農業政策（農業構造政策）を意味するものであることからその使い方に異論はないものの、地域政策＝地域の産業振興であるにもかかわらず、農業・農村の多面的機能の発揮を意味することとしているのは、概念の混乱を招くことになりかねない。

　そもそも農林水産省における農村政策は、前述のとおり農業構造改革を推進する補完的手段として位置づけられてきたこと、2001年の中央省庁再編の際に農村の振興という所掌事務が当時の国土庁から農林水産省に降ってきたものの、地域政策としての農村の振興のあるべき姿を省内で十分に議論をすることもなく従前の農業構造政策の補完的施策をそのまま農村政策として整理してきたことも、「地域政策」の概念の混乱をもたらしているのではないかと考えられる。

　また、「地域政策」という用語の通常の使い方からすると農林水産省には「地域政策」は存在していないのではないかと考えられる。

　「地域政策」とは、「2. 地域コミュニティの果たす役割」で詳述する通り、国主導の地域開発政策から地方自治体が主導する地域づくり・まちづくりへと転換したが、転換後の段階の「地域政策」の考え方とは、内発的発展を前提に地域の産業が地域内外の需要を取り込むことによって得られた利益を再投資でき

る条件を備え、また地域内の需要に対応する地場産業の成長によって地域から漏出する利益を最少化し、そのことによって地域内経済循環構造を構築することとしている点に留意すべきである。

　一方、農林水産省は、最近の検討会における議論と整理において、地域政策の総合化という考え方を示している[65]。これは、地域資源を活用した所得と雇用機会の確保、中山間地域等をはじめとする農村に人が住み続けるための条件整備、農村を支える新たな動きや活力の創出という3つの柱に沿って施策を効率的・効果的に実施していくというものである。そのため、農村の実態や要望について、農林水産省が中心となって、都道府県や市町村、関係府省や民間とともに現場に出向いて直接把握し、把握した内容を調査・分析した上で、課題の解決を図る取組を継続的に実施することとし、そのための仕組みを検討することとされた。

　いずれにしても、地域政策の主役は地方自治体等をはじめとする地域であって、政策の企画立案とその執行にとって前提条件となる権限と財源を国から地方へ移転することが基本的に重要である。国は、地方が必要な政策を企画・立案・執行する際の、サポータの役割である。農林水産省が中心になって担うことの可能性、可能だとしてその妥当性については、地域政策に関わる利害関係者による議論がなされるべきであろう。

　なお、上記の検討会で示された農村政策の方向性については、2023年9月に食料・農業・農村政策審議会が答申した最終とりまとめに反映されている。しかし、農村政策の方向については食料安全保障の観点から必要な見直しを行うこととされている。このことに危惧の念を示す意見もある[66]。すなわち、農山漁村発イノベーション、農村型地域運営組織（農村RMO）、農村関係人口などは、食料安全保障の観点から、農業生産や農地管理に関わることが求められるのではないかとの懸念である。

---

65. 2022年4月に「新しい農村政策の在り方に関する検討会」「長期的な土地利用の在り方に関する検討会」のとりまとめとして公表（「地方への人の流れを加速化させ 持続的低密度社会を実現するための新しい農村政策の構築」（令和4（2022）年4月1日））。
66. 小田切徳美「寄稿『基本法の見直し』」、日本農業新聞2023年7月26日参照。

　こうした指摘については基本的に同意するものであるが、そもそも農林水産省における農村政策とは、「農業構造改善を推進するための補完的措置」という当初からの考え方を今日まで首尾一貫して堅持していると考えるべきであり、そうであれば今回の最終とりまとめの文言は、当然の帰結であると考える。

　これまで述べてきたことや、上記の懸念を踏まえれば、農村地域は農業をはじめ関連する多様な産業の集積と関係する多様な住民の交流・居住の場となっていくことが見込まれる。したがって、今後の農村政策は、地域の農業と関連する産業の立地・集積を通じて、農業・食料産業の効率性・持続可能性の増大と定住人口・関係人口の確保が図れるようにすることが必要であり、そのような重要な政策課題に取り組み、関係府省・自治体・関係団体と連携して対応する、新しい政策体系を構築していく必要がある。

参考 農村政策とはどのようなものであるのか

(1) 日本の農家・農業・農村の形について

　日本における農家の形態は、中世の荘園制を前提とする大家族制から市場経済に適合的・合理的な小農経営に対応する直系制的小農民家族制 へと変化し、家族労働を中心に1㌶程度の小農経営が成立するようになった。また耕作する農地は、人力を中心とする農作業を基本とし、自然災害へのリスクを分散する観点から分散錯圃制が成立した。その結果、農作業をはじめ農地の具体的な管理は農村集落（近世的村落共同体）の人々による集団的な管理が行われ、何を作付し、どのように栽培するのかといった農地の利用も農村集落による集団的利用が基本となった。

　また農村集落の周辺の里山は、農家の生活にとって必要な燃料となる薪や農業生産に必要な肥料、家畜に必要な飼料の原料を調達する場として利用された。こうした里山に関して農村集落のメンバーが活用できたのは、慣行上の権利（入会権）が成立していたからであった。入会権について、その主体はその里山を利用する農村集落であり、その農村集落のメンバーが具体的に利用することになった。集落から離脱するとその者はその林野を活用することができなくなるとされた。このような農村集落を入会権の総有団体と呼ぶ[67]。

また、水田で米を生産するには、水が不可欠であり、そのために水源としての溜池を作ったり、河川に堰を設けたりして、そこから水田までの水路を作ったりした。このような河川等を水源として農村集落のメンバーの労力によって構築された水利施設からなる水田への水の取水・利用は慣行上の権利（水利権）として成立することとなった。

　以上のように、土地（農地）、里山、水利などの地域資源については、農村集落という総有団体が管理する下で、その構成員が使用・収益する総有権が成立していたのであって、これによって農村集落の生活・生産が支えられていた。

(2) 農地・農業・農村の変貌

　農地などの土地に対する近代的な所有権は、明治時代の地租改正によって確立した。しかし、近代化の過程で政治・経済・社会の変動（例えば松方デフレ[68]）によって多くの自作農は小作農に転落し、1930年代には全農地の約50％が小作地となって地主制度が成立した。第2次大戦後の農地改革によって地主の持つ小作地を国が買収してその土地を耕作していた小作人に売り渡し、この改革によって地主制度は解体された結果、全国に1ヘクタール規模の零細な自作農体制[69]が確立した。

　農地改革によって誕生した自作農体制は、再び小作人へと転落することが危惧され、GHQの指示によって農地改革の成果を温存するために、農地法が成立した（1952年）。

　農地法は、戦前における農地立法に関する成果を継承している。まず、食料増産を

---

67. 入会権の総有団体について、そのメンバーは権利を行使することはできても、これを分割したりすることはできないこととされた。このような 権利関係は近代的な所有権における「共有」とは別に「総有」と定義されている。
68. 松方デフレとは、1877年の西南戦争（明治政府と明治政府から離脱した明治維新の立役者であった西郷隆盛をリーダーとする旧薩摩藩の武士団との戦争）の戦費支出のための紙幣増発を契機とする激しいインフレによって生じた国際収支の悪化。これによる正貨（当時の日本は貨幣制度が銀に裏付けられる銀本位制をとっており、その平価に相当する一定の銀を含み、実質的価値と表記額面との差のない貨幣のこと）の流出、生産資金の欠乏、租税収入の減少に対応するために大蔵卿の松方正義により採られた政策（増税と歳出削減、不換紙幣の処分と正貨の蓄積、日本銀行による銀本位制の完全確立）が激しいデフレを引き起こしたもの。また、農産物価格の下落により多くの農家は小作人へ転落し、あるいは労働者となっていった。すなわち資本の原始的蓄積が推し進められたのであった。
69. 規模の零細な自作農は、小作人時代の分散錯圃状態の土地を耕作していたことから、農地改革によって国から売り渡された分散錯圃状態の農地を所有することになった。このことは、将来、分散錯圃状態の農地を流動化する場合、集約した農地とすることを困難にし、分散錯圃状態のまま規模拡大をしたのでは、大規模で効率的な営農を実現することを困難にした。

目的とした農地の権利移動の統制と転用の規制の関係は基本的に継承された。また、小作人の地位に関しては小作権の強化の方向と自作農化の路線があった。こちらは、戦後の農地改革によって地主の土地を国が強制買収して小作人に売り渡す自作農化を選択した。その結果、農地法は、農地改革によっても残された「残存小作地」だけでなく、農地法施行後に新たに設定された小作地を含めて、小作料を低く抑え、地主による解約や更新拒絶は原則的に許さないようにし、できるだけ自作地化を目指すという「自作農主義[70]」を採用した。農地の所有は、自然人たる自作農＝農業者による農地所有を想定するものであったが、社会的実態としては世帯主（意識の世界では戸主）の個人財産というよりも分割のできない家産（一種の総有ないし合有[71]）としての性格を有するものと考えられた。なお、農業生産を支える農地・水利施設・道路などの地域資源に対しては、集落の構成員が総出でその維持管理活動に従事するものとするルール（規範）が存在していた。

　しかし、高度経済成長期における農村部から都市部への大量の人口移動などの経済・社会の変化に伴って、農業・農村の変質がもたらされた。

　まず、農業経営の多様化が見られるようになる。多くの水田集落では「稲作＋α」型の経営から作物の複合化、経営の多角化が図られた。その結果、均質な経営規模の農家群が規模拡大志向と規模縮小志向に分化するようになる。次に、農家自身の多様化である。すなわち、農業に重点を置く農家（専業農家）から兼業に重点を置く農家まで多様化した。その上に、非農業者が農村に居住する混住化が見られるようになる。以上の変化によって、同質的な構成員からなる農村社会が多様な主体によって構成されるようになってきた。そのことは、農業を維持するための地域資源（農地・水利施設・道路など）の維持・管理活動への全員参加が難しくなってくることを意味する。

（3）農業構造の改善と生産調整の実施のための集落機能の活用＝農村政策の登場

　このような農業・農村の在り方の変化に対してそれまでの集落機能を活用することを

---

70. 自作農主義においては、農業者が農地を所有し、家族労働（自家労働）によって農業を行い、収益が農家に帰属する自作農を是とするものであることから、所有と経営が分離する「企業的農業」は想定していない。
71. 合有とは、共同所有の一形態。各共同所有者はそれぞれの持ち分を有するが、共同目的のために拘束を受け、持ち分の処分や分割の請求には一定の制限がある。組合財産などが相当する。

基本とする「地域農政」の考え方が登場する。すなわち、同質的な農村地域が「非農業者の混住化」「農家経営の多様化」によって集落機能（集落の全員参加による地域資源の管理活動）が低下する中で、1970年代以降米の生産調整の実施（1971年に本格実施）、農産物貿易の自由化といった農業をめぐる厳しい状況に対応する必要が出てきたことに伴い、集落機能を活用した「地域農政」への取組を奨励することとなった。

　具体的には、集落機能を発揮してもらうためのインセンティブを導入することである。分散錯圃体制の下で生産調整目標を達成するためには農地利用の調整を図る必要があった。集落ベースで配分された生産調整面積を集落内の農業者によって完全に目標達成するとともに、農業者がてんでばらばらに生産調整を行うことなく効率的生産を確保するためには例えばブロックローテーション[72]を実施する必要があった。また、多様化した構成員からなる集落をベースに農業構造の改善を進めるためには農業の担い手への農地流動化が必要となってくる。さらに、混住化が進む集落の社会的統合を補完するための農業生産基盤と農村生活環境の一体的事業による集落整備が必要とされた。

　このような必要性から現実に展開された政策として、混住化が進展している農村社会を対象に、構造政策を推進するとともにコメの生産調整を確実に実施するために、多面的機能の発揮を切り口として非農家を巻き込みつつ農業生産基盤と生活環境を一体的に整備する農村政策（＝農地や水利施設などを整備するハード事業を中心にしたもの）が導入された。そのほかに、農地や水利施設などの地域資源の管理に力点を置いた施策[73]も展開された。

　以上の経緯からわかるとおり、農林水産省の展開してきた農村政策とは、農業構造を改善するための「地域資源の管理政策」として位置付けられるものであった。すなわち、規模拡大とは担い手に農地を集積することであるが、農地を利用して農業経営を行う上で必要となる道路や水路のような地域資源の管理も農地の利用者が担当することになれば、少数の担い手に全ての地域資源管理を行わせることになる。しかし、現実にこのような対応を行うことは不可能であり、仮に地域資源の管理が行われなくなれば

---

72. ブロックローテーションとは地域の農家間の公平性確保と転作作物の生産性向上の観点から行われる集団転作の手法の一つ。圃場（ほじょう）をいくつかのブロック（区画）に分けて毎年転作を実施するブロックを変えていく方式。

そもそも規模拡大が進まなくなり構造改善が進展しないことになる。

　こうした事態を避ける観点から地域資源の維持管理を従前のように集落の構成員によって行うことを誘導する政策として、農林水産省の農村政策は登場したのである。

(4) 農村政策の在るべき方向

　農林水産省の農村政策は、農村地域における多様な産業の振興、多様な人材の定住につながるような新たな活動を奨励する性格をもつものでなかったことは明らかである。

　高度経済成長を通じて日本は農村型社会から都市型社会へと大きく変貌を遂げ、農村地域も同質的な農業及び農業者からなる社会から、多様な農業類型に分化しただけでなく多様な産業が展開され、農業をはじめ多様な職業に従事する住民によって構成される、混住化社会が現出した。

　その場合、農業の振興にとって、異業種・非農業者の存在をどうみるかが問われることになる。つまり、農業の振興にとって邪魔な存在と見るのかあるいは共存共栄する存在と位置付けるのかという問題である。

　日本経済の仕組みが集中メインフレーム型から地域分散・小規模分散ネットワーク型経済構造へと転換することに伴って、異業種の知見・経験の活用と異業種との協働、多様な人材の交流・定着は、農業の振興・地域社会の発展に不可欠との視点をもたらしてきた。とりわけ、情報通信技術（ICT）や人工知能（AI）などの先端技術の導入によってこれまでの農業を含むものづくり産業は、情報の活用を中心とするサービス産業化へ進化していくことが見込まれるようになってきた。

　農村地域は、農業をはじめ関連する多様な産業の集積と関係する多様な住民の交

---

73. 中山間地域等直接支払い、多面的機能支払い、環境保全型直接支払い（以上、日本型直接支払いと呼ぶ）。なお、中山間地域においては、平場地域と比べ、集団的な土地はあまり存在していないなど不利な条件の下にあり人口の減少高齢化も進んでいることから、担い手を中心とする農地の流動化による農業構造の改善（＝規模拡大）は現実的ではないと考えられた。このため、「集落ぐるみ」で営農に取り組む「集落営農」が地域を守るための危機対応として必要であることとされ、中山間地域等直接支払い制度は、こうした動きを促進する役割を果たすものとして導入された。中山間地域等直接支払い制度は、中山間地域と平場との生産コストの差の8割を農地の管理者に交付金として直接支払うもの（＝生産性格差の補償措置）であること、集落協定を締結し、農家が共同で取り組む活動（共同取組活動）に交付金の一定割合を使うことができる（集落重点主義）こと、その予算を単年度で使い切らずに複数年度にわたってプールすることができること（予算単年度主義の例外）が大きなポイントである。

流・居住の場となっていくことが期待されるようになる。その場合、土地集約型の農業とほかの産業との共存にとっては農村における土地・空間に関する農業的利用と非農業的利用との整序化が必要になってくる。なぜならば、この整序化が、地域の農業と関連する産業の立地・集積を通じて農業・食料産業の効率性の増大と持続可能性の確保や、定住人口・関係人口の確保・増大に努めていく上での前提条件となるからであり、新たな農村政策における重要な政策課題だからである。

2. 地域コミュニティの果たす役割

（1）地域コミュニティとは何か

　市場経済では、個人（家計、企業を含む）がその意思に基づいて活動することを前提に自由で公正な競争を通じて必要な財・サービスを適正な価格で享受することができると考えている。そこには市民革命以前に存在していた「共同体（コミュニティ）」に保護される一方で自由を束縛されていた「人」が市民革命によって自分の意思で自由に行動できる「市民」になったことが前提とされている。そして、市場メカニズムが機能しない（例えば市場の失敗）場合には、市場の外に存在する政府が市場メカニズムが機能するように介入することが正当化される。そこにあるイメージは、個人─社会、私─公、市場─政府という二元論的な枠組みである。

　しかし、人の生活は、市場メカニズムだけに依存しているわけではない。それは家族の間のつながり（血縁的関係）だけではなく、隣近所の人々とのつながり（地縁的関係）、同じ志を持った人々とのつながり（共同（あるいは協働）的関係）など市場メカニズムとは関係のないつながり（コミュニティ）を維持しながら生きている。

　人と人の関係（コミュニティ）について歴史的に見ると、血縁的関係・地縁的関係という地域的なコミュニティの束縛から解放されて自由な「個人」が形成されてきたことは確かである。しかし、そこにいる「個人」とは、地域的コミュニティの解体によって人が他の人とのつながりを喪失した砂のような存在（「粒子化」）となり、そこにある現実は貧困・

格差の拡大から社会の不安定化・崩壊のおそれである。

　そうした状況を押しとどめ反転する可能性としてコミュニティの働きを再確認し、これを活用することが必要となってきたのではないか。その契機としては、一つは高齢化という傾向が、勤め先を中心としていた多くの雇用労働者が退職後には地域に密着して過ごすことになった結果、地域社会で人と人とのつながりを強める可能性がでてくるのではないかということである。もう一つは情報化によるデジタルネイティブの登場や在宅勤務の増加という傾向が、価値観や嗜好で世代間の差が小さくなる「消齢化」と相まって、同じ志を持った人々とのつながりを強める可能性があるのではないかということである。

　こうした人と人とのつながりは、必ずしも地域を区切ったコミュニティである必要はないが、そのつながりが持続可能性のあるものであるためには、従来の血縁型・地縁型のような閉鎖的のものではなく開放型のコミュニティであり、そのつながりを支える活動は法律上の権限と財源を持ったものであることが適当ではないかと考える。こうした条件を満たすものを「地域コミュニティ（例えば基礎自治体）」と呼ぶこととしたい。

（2）地域コミュニティの形成過程

　地域コミュニティには、人々が生活している空間の広がりがあり、そこにおける人と人とのつながりによって地域社会が形成されている。

　国を統治している主体は、国家であるが、実態は国土を分割して統治しており、現在は47の都道府県、1718の市町村に分割して統治をしている。

　まず、都道府県とは、江戸時代の「江戸300藩」といわれた幕藩体制がベースとなって、1871（明治4）年の「廃藩置県」により3府302県が設置された。1888（明治21）年までに3府（東京（東京都の成立：1943（昭和18）年）・大阪・京都）43県1庁（北海道庁：北海道は戦後に設置）に再編された。首長である知事は、国の官吏であり、1947（昭和22）年の地方自治法の施行により公選制に切り替わった。ほかに、県会議員は選挙制（普通選挙は大正期以降）がとられた。

　市区[74]町村とは、人々の具体的な暮らしに関わるところであり、市区町村の誕生とその変遷は次の通りである。江戸時代の自治体である「村」（自然村という地域住民組織）

は71,314を数えた。これらが1889（明治22）年の「市制町村制」施行時に15,859に再編された（明治の大合併）。その後1955（昭和30）年前後に約4,000（昭和の大合併）に再編され、2005（平成17）年前後に約1,700強（平成の大合併）に再編された。

　つまり、江戸時代の自然村が、明治時代に市制町村制に基づき市町村（行政村）となり、明治の大合併➡昭和の大合併➡平成の大合併を経て、現在の姿となった。このように地域の特色は重層構造となっていることであり、

国家⇔都道府県（廃藩置県）⇔市町村（3回の大合併）⇔地域住民組織（自然村に淵源のあるところもあるが、現在の行政区・自治会・町内会など）

からなる。

　地域の階層性の最も基層的な部分を構成するのは家（家族）であり、これを構成単位として地域の仕事[75]を担っていくことで地域が形成されるという関係が成立している。

　幕藩体制の日本は、分権型国家の性格を有しており、欧米諸国による植民地化を防ぐ観点から、明治維新を契機に中央集権型国家体制へ転換した。江戸が東京となり首都として位置づけられ、東京は国家の空間としての核となった。その一方で、それ以外の市町村は部分の位置付けとされた。その結果、地方（都市）および農山漁村は周辺化され、村から地方（都市）へ、地方から中央へ、人／物／価値の中央への集中化が徐々に進展していくこととなった。

　こうした集中化は第2次大戦までの間はゆっくりと進行したが、戦後の復興期から高度経済成長期にかけて急激に進行し、日本の姿は農村型国家から都市型国家へ大きく変貌することとなった。大量の人口移動は、家族の形を3世代同居から核家族へ、さらに単身世帯へと変化させ、仕事の形も農業などの自営業から雇用労働へ転換し、人口の配置も過疎・過密の二極化に加え、地方部から三大都市圏への集中化が安定経済成長期以降東京一極集中へと転換した。

---

74. ここでいう「区」とは、東京都にある23の特別区を指す。この特別区は1998（平成10）年の地方自治法改正により市町村と同等のものになった。
75. 世帯単位で見ると、歴史的には農業などの家族労働を主体とする自営業による3世代世帯が解体して核家族（夫は雇用労働者、妻は専業主婦、未婚のこどもから形成される標準世帯）となり、女性の社会進出などによる共働き世帯となって、高齢化の進展によって単身世帯（多くは年金生活）に転換するという流れである。

　こうした地方の人／物／価値が中央、特に東京に一極集中することによる地域コミュニティの衰退は、1980年代以降の金融資本主義の推進やアマゾンなどの巨大情報通信産業による情報独占によって加速され、さらにはその解体によって個人がコミュニティの人々とのつながりを喪失（＝「粒子化」）し、貧困・格差の拡大から社会の不安定化・崩壊のおそれなしとしない状況にある。そうした危機的状況に対しては、国家よりもずっと小さいが全体を総合的に見渡せ、構成員の性格や、名前も顔もよくわかり、空間と時間のつながりが生き、動いている社会＝地域コミュニティをベースに、「多様性」「持続可能性」を考えていく必要性が再認識されてきている[76]。

（3）内発的発展に基づく地域経済循環構造の構築の必要性

　現行憲法による「法の下の平等」は、国民全体に経済成長の果実が平等に均霑されるべきとの意識を醸成した。しかし、政府による経済政策は、各地域のおかれている条件（歴史的、経済的、社会的）によって、不均等な経済発展をもたらした。地域間の格差が拡大するとともに人口の過密と過疎が大きくなってきたことから、これを是正するために発展の遅れた地方部の開発に向けた環境条件を整備していくための手法が検討された。国が主導する地域開発政策（国土開発計画や地域開発計画）が登場した。

1）国主導の地域開発政策の評価

　地域開発政策は、当初は重化学工業を軸にした産業再配置と大型公共投資を一体化して、国が主導的役割を担い、地方自治体の地域産業政策を誘導してきたものである。第2次世界大戦後から8次にわたり展開されてきた日本の国土計画の目標、方法、特徴などは、次の図-表14の通りである。

　この国土計画に基づく地域開発政策については、いずれも社会資本や産業再配置

---

76. 山下祐介『地域学をはじめよう』、2020年、また広井良典『人口減少社会のデザイン』、2019年。特に「第2章 コミュニティとまちづくり・地域再生」参照。なお、青山直篤「記者解説　揺らぐリベラリズム」、朝日新聞2023年11月27日において、フランシス・フクヤマの『歴史の終わり』（92年）から、リベラリズムの弱点として「リベラリズムは何らかの『共同体』」がなければ存在できない」とし、「共同体の結びつきがなくなれば、リベラリズムを育む基盤も崩れてしまう」と紹介していることに留意すべき。

図・表14　国土計画の変遷

	全国総合開発計画（一全総）	新全国総合開発計画（新全総）	第三次全国総合開発計画（三全総）	第四次全国総合開発計画（四全総）	21世紀の国土のグランドデザイン	国土形成計画（全国計画）	第二次国土形成計画（全国計画）	第三次国土形成計画（全国計画）
根拠法	国土総合開発法					国土形成計画法		
内閣	池田勇人（2次）	佐藤栄作（2次）	福田赳夫	中曽根康弘（3次）	橋本龍太郎（2次）	福田康夫	安倍晋三（3次）	岸田文雄（2次）
閣議決定	昭和37年10月5日（1962年）	昭和44年5月30日（1969年）	昭和52年11月4日（1977年）	昭和62年6月30日（1987年）	平成10年3月31日（1998年）	平成20年7月4日（2008年）	平成27年8月14日（2015年）	令和5年7月28日（2023年）
目標年次	昭和45年	昭和60年	（概ね10年間）	概ね平成12年（2000年）	平成22年〜27年（2010〜2015年）	（概ね10年間）	（概ね10年間）	（概ね10年間）
背景	1 高度成長経済への移行 2 過大都市問題、所得格差の拡大 3 所得倍増計画（太平洋ベルト地帯構想）	1 高度成長経済 2 人口、産業の大都市集中 3 情報化、国際化、技術革新の進展	1 安定成長経済 2 人口、産業の地方分散の兆し 3 国土資源、エネルギー等の有限性の顕在化	1 人口、諸機能の東京一極集中 2 産業構造の急速な変化等により、地方圏での雇用問題の深刻化 3 本格的国際化の進展	1 地球時代（地球環境問題、大競争、アジア諸国との交流） 2 人口減少・高齢化時代 3 高度情報化時代	1 経済社会情勢の大転換（人口減少・高齢化、グローバル化、情報通信技術の発達等）	1 国土を取り巻く時代の重大な岐路（急激な人口減少、少子化、異次元の高齢化の進展、巨大災害の切迫等） 2 国民の価値観の変化（ライフスタイルの多様化等） 3 国土をめぐる状況の変化（エネルギー制約、食料問題、地球環境問題等）	1 時代の重大な岐路に立つ国土 ・安全・安心の持続性への懸念 ・コロナ禍等を経た新たな働き方や暮らし方 ・激動する世界情勢の動向 ・低未利用地・空き家の増加、気候危機 ・デジタルとリアルの融合が進展し、人材・地域の持続性を支える重要な資源に ・グリーン国土の創造 ・人口減少下の国土利用・管理 ・地域を支える人材の確保・育成
基本目標	地域間の均衡ある発展	豊かな環境の創造	人間居住の総合的環境の整備	多極分散型国土の構築	多軸型国土構造形成の基礎づくり	多様な広域ブロックが自立的に発展する国土を構築、美しく、暮らしやすい国土の形成	対流促進型国土の形成	新時代に地域力をつなぐ国土〜列島を支える新たな地域連携構造〜
開発方式等	拠点開発方式 目標達成のために工業の分散を図ることが必要であり、東京等の既成大集積と関連させつつ開発拠点を配置し、交通通信施設によりこれを有機的に連絡させ相互に影響させながら、地域の均衡ある発展を実現する。	大規模開発プロジェクト構想 新幹線、高速道路等のネットワークを整備し、大規模プロジェクトを推進することにより、国土利用の偏在を是正し、過密過疎、地域格差を解消する。	定住構想 大都市への人口と産業の集中を抑制する一方、地方を振興し、過密過疎問題に対処しながら、全国土の利用の均衡を図りつつ人間居住の総合的環境の形成を図る。 **田園都市国家構想** （昭和54年（1979年）大平正芳内閣提唱） 定住構想について、都市と農村の結合をめざし、田園都市構想の推進を図る。	交流ネットワーク構想 多極分散型国土を構築するため、①地域の特性を生かしつつ、創意と工夫により地域整備を推進、②基幹的交通、情報・通信体系の整備を国自らあるいは国の先導的な指針に基づき全国にわたって推進、③多様な交流の機会を国、地方、民間諸団体の連携により形成。	参加と連携 〜多様な主体の参加と地域連携による国土づくり〜 （4つの戦略） 1 多自然居住地域（小都市、農山漁村、中山間地域等）の創造 2 大都市のリノベーション（大都市空間の修復、更新、有効活用） 3 地域連携軸（軸状に連なる地域連携のまとまり）の展開 4 広域国際交流圏（世界的な交流機能を有する圏域の整備）	重層的かつ強靭な「コンパクト＋ネットワーク」 多様な広域ブロックが自立的に発展する国土を構築し、美しく、暮らしやすい国土の形成	対流促進型国土の形成 対流を促進する「コンパクト＋ネットワーク」	シームレスな拠点連結型国土 地域生活圏の形成など

出典：国土交通省「国土形成計画（全国計画）参考資料1」スライド2

を行い、垂直的な産業分業構造を全国土に広げていくことを目指す地域開発政策であり、人口増加、物価上昇、経済成長の下での国際分業化を前提条件として正当化しようとするものであった。しかし、日本経済の変異、とりわけ1990年代以降、人口減少、物価下落、経済の停滞・衰退化の下で気候変動や巨大災害のリスクのようなリスク社会化、エネルギー・資源・食料の価格上昇基調に円安傾向が相まって貿易収支の赤字体質の定着化といった国際社会における日本の立ち位置の変化を前提とすれば、上から地域を統治し均一化する計画や開発政策では効果が上がるものではないことが明らかとなった。したがって、そうした教訓に学べば、地域の多様性・総合性と共生する産業を興し、住民・産業・行政が協働し、責任ある投資と経済循環を生み出す地域経済構造を構築する方向こそが求められているといえる。

2) 地域の産業形成と地域内再投資による循環経済（内発的発展）

ア　地域の産業の種類

　地域の産業という場合、地域の外に主要な販売市場を有する産業で地域外から利益を稼いでくるものがある。こうした産業は地域の所得の源泉となる地域経済成長の原動力となる産業[77]であり、例えば、ものづくり産業、観光産業などが該当する。

　それに対して、地域内で発生する様々な需要に応じて財やサービスを生産する産業の場合、上記の産業の展開により地域内で発生する様々な需要（日常生活に必要な財・サービスから販売する財・サービスの原料まで）に対応して生まれる産業[78]であり、例えば、地域内に資金と財・サービスとの循環をさせるものとして、地域内での日常生活に必要な財・サービスを生産する製造業者・加工業者、流通を担う卸・小売りの業者等が該当する。

　以上のことから、地域内で生産された財・サービスで域内外の需要を獲得するとともに、地域内所得の地域外への漏れを防止し、地域内で資金を循環させることによって地域内循環構造を構築することが可能になる。

---

77. このような産業のことを「基盤産業」という場合がある。
78. このような産業のことを「非基盤産業」という場合がある。基盤産業、非基盤産業という区分は、本書では使わない。

イ　外来型開発の問題点

　地域経済政策は、歴史的に見れば、まず、国策に沿った外来型開発から始まった。すなわち、重化学工業を軸にした産業再配置と大型公共投資を一体化したプロジェクトであって、国が主導して地方自治体の地域産業政策を誘導した。具体的には、巨大公共投資や民間活力を導入して地域に社会資本、工場、ビル、マンション等を建設し、地域を物理的に変容させ、これを通じて地域格差を是正し均一な物理的環境を整備するものであった。

　しかし、こうした外来型開発は、次のような問題があった。

　第1に、大都市から誘致された工場と地域内の地場産業との間に連関構造があまり形成されず、地域内への生産波及効果が弱かったことである。第2に、誘致された工場の利潤は、本社のある大都市に吸い上げられ、地域経済の循環構造が形成されなかったことがあげられる。第3に、誘致された工場の意思決定は地域外の本社で行われるため、地域の意思で整合性を保ちながら計画的な産業振興を行うのは困難であったことである。

ウ　内発的発展

　上記の問題に対して、別のタイプの産業構築の方法が求められるようになった。それは、地域内の既存産業や資源に目配りをし、既存産業の再評価や様々な資源の組み合わせを行うことなどから、新たな産業を構築していくことである。それが内発的発展といわれるものであるが、その前提条件としては、地域内の企業や住民自らの創意工夫や努力により新たな産業を創造するものであること、地域外の企業の支援や中央政府の補助金のみに依存していないことがあげられる。

　また、内発的発展に基づく新たな産業の特徴としては、①地域内の需給に重点が置かれ地域内の産業連関が生み出されやすいこと、②地域内外で稼いだ利益が地域内で循環しやすい地域経済が形成されていること、③地域経済の意思決定は地域内に存在することから自律した地域産業構造が作り上げられること、④地域に根差した中小企業や協同組合、地域金融機関、地方自治体などの経済主体が経済再投資力を強め

ていくことによって、持続的発展が期待されることなどである。

エ　内発的発展を担保するための制度の在り方

（ア）国と地方の権限の再配置

　まずは、補完性の原理（principle of subsidiarity）[79]に基づいて、住民にとって身近な行政は基本的に国から基礎自治体に委譲すること（地方分権）を徹底する。

　日本における地方分権の実態としては、日本国憲法と地方自治法によって、法律上は地方への分権がなされたはずであった。しかし、現実の行政においては、国が多くの権限・財源を留保する中央集権的状況が続き、自治体との間に「上下・主従」の関係が色濃く残っていた。1999年の第1次地方分権改革で475本の法律が改正され、「機関委任事務制度」が廃止され、新たな仕組みに変更（自治事務・法定受託事務等）することとし、付随する中央の後見的統制の改革（国の関与の法定化、必置規制の廃止・整理など）が行われた[80]。また、第2次地方分権改革では、権限のさらなる委譲を図ることとし、第1次地方分権改革で残された課題に取り組み、地方政府の権限の自律性の向上、中央の権限の地方政府への委譲をすすめることとされた。

　国と地方の3つの関係として、①後見、②委任、③調整がある。①の貢献とは、地方政府の政治・行政に、能力など何らかの不足がある場合、中央政府がそれを補う、あるいは代行するケースのことである。次の②の委任とは、中央政府の政策の実施を、地方

---

79. 補完性の原理とは、ローマ法王ピウス11世の回勅「個人の自発的かつ自分で処理できる事柄を共同体が個人から奪ってはならないのと同様に、より下位の団体が処理できる事柄を取り上げ上位の共同体に与えてはならない」に淵源を有する。これが欧州地方自治憲章（1985年）「公共の任務は一般に最も身近な行政主体が優先的に遂行し、他の主体への配分は任務の範囲と性質、効率性と経済性の要請を考慮に入れなければならない」（4条の3）に継承された。日本においては、この補完性の原理は、2000年地方分権一括法による改正地方自治法第1条の2「国は、（中略）国が本来果たすべき役割を、重点的に担い、住民に身近な行政はできる限り地方公共団体に委ねることを基本として、地方公共団体との間で適切に役割を分担するとともに、地方公共団体に関する制度の策定及び施策の実施に当たって、地方公共団体の自主性及び自立性が十分に発揮されるようにしなければならない。」に反映されている。

80. 機関委任事務とは、国から国の執行機関としての地方自治体に委任された事務のこと。事務の執行に対しては国が監督を行うが、住民の選挙で選ばれた地方議会の関与は限られていた。都道府県の事務の7～8割、市町村の事務の3～4割が該当するとされた。第1次地方分権改革により、国などが本来果たすべき役割に関するものであって国などから法令により地方公共団体に委ねられたものを法定受託事務とし、それ以外の地方公共団体の事務を自治事務とされた。なお、機関委任事務の廃止については、実態上は従来とは変わっていないとの批判もある。脚注86参照。

政府にゆだねる場合、負担と便益がともに全国に及ぶため中央政府が政策を所管するが、政策実施では地方政府をいわば手足として用いるケースのことである。最後の③の調整とは、政策から利益を受ける地域と負担を背負う地域の間にズレがあり、調整を行うケースのことである。①の後見と②の委任のケースについては、明治以来、近代化を急速に進めるため、地方政府に対して中央政府は指導的な立場を取りつつ、安上がりの政策手段として地方政府を用いてきた。この手段は、第二次大戦後も継続して存続してきたが、1990年代半ばからの地方分権改革の取組を通じて改革されてきた。残された課題として③の調整については、東京一極集中と地方の衰退、特定地域の負担と全国的便益の調整のケースがある。とくに後者については、例えば過疎地の原発立地（負担）と大都市の電力消費（受益）の調整、沖縄県の米軍基地に伴う負担と全国民の安全保障利益の調整などがある。

この改革によって地方政府の権限の自律性は高まりつつあり、国の縦割り行政に影響される分立化の程度が弱まり、基礎自治体における行政の総合性が強まったとされる。

（イ）お任せ民主主義から参加型民主主義へ

団体自治[81]は、いわゆる「お任せ民主主義」に陥りかねないことから、住民自治[82]すなわち参加型民主主義への転換を図る必要がある。そのための手段としては、情報公開と住民参加（主導）型まちづくりがある。その思想的背景として権利としての地方自治の考え方が存在する。地域づくりに住民が関わる上で、現在の地方自治制度において最も重要な手掛かりは住民の直接参加の道（＝直接請求制度[83]）が用意されていること

---

81. 団体自治とは、国から独立した団体（基礎的な地方公共団体：市町村、市町村を包括する広域の地方公共団体：都道府県）が国の干渉を受けずに自主的にその地域を統治する＝地方自治の分権的側面のことをいう。
82. 住民自治とは、地域住民の自律的な意思と参加によって地域の統治が行われること＝地方自治の民主主義的側面のことをいう。
83. 直接請求制度とは、戦後日本の地方自治には、国の制度には見られない直接民主主義的な規定が設けられた。第1に住民は有権者の50分の1の署名を集めて、首長に対して条例の制定・改廃を請求（直接発案＝イニシアチブ）することができる。ただし、地方税、分担金、使用料、手数料に関する条例については認められない。第2に同様の署名で監査委員に対して、地方公共団体および首長その他の執行機関の事務執行について監査を請求することができる。第3に有権者の3分の1（その総数が40万を超える場合は、その超える数に6分の1を乗じて得た数と40万に3分の1を乗じて得た数とを合算して得た数）以上の署名を集めて、選挙管理委員会に議会の解散を請求することができる。さらに同様の署名をもって、選挙管理委員会に議員および首長の解職を、首長に対して主要公務員の解職を請求できる（罷免請求＝リコール）。

である。しかし、現状は、形式的な住民参加制度はあるものの、実質的な住民参加制度（住民投票）は欠如し、直接請求の最終的決定が議会に委ねられている。

　いずれにしても、住民の直接参加については、地方自治の本旨である住民自治による行政執行を確保する観点から、直接請求制度の在り方を見直すべきである。

（ウ）国と地方の税・財源の調整

　国と地方との財政調整の手段としては、国から地方への国庫補助負担金（国が定めた一定の目的を達成するために、一定の条件のもとに国から地方へ交付するもの）、地方交付税交付金（所得税、法人税などの国税の一定部分を、地方の標準的な行政需要と地方税による財源との差額を補填するものとして国から地方へ交付する財源）があり、そのほかに地方の財源として地方税による収入などがある。

　以上の国と地方の財務関係を見直し、地方分権・地方の自立を促す改革として三位一体改革に取り組むこととなった。これは、地方財政の諸問題をトータルに解決しようというもので、①国庫補助負担金の廃止・縮減、②税財源の移譲、③地方交付税の一体的見直しを行うものであった。2001年発足の小泉政権の「聖域なき構造改革」の「目玉」として「小さな政府論」の具体化の一つとして強力に推進された。

　三位一体改革の一応の着地点として、国庫補助負担金は約4.7兆円削減、地方交付税等は約5.1兆円削減、国から地方に税源移譲は約3兆円とされた。これを地方から見ると、4.7兆円+5.1兆円=9.8兆円の収入減に対し、3兆円の収入増であることから、トータル6.8兆円の収入減となった。つまり、当初の財源中立的な改革とは別物になり、財務省主導の下、地方の負担増による国の財政収支の改善策になり、その結果、財源不足に陥った小規模自治体を中心に平成大合併に追い込まれた。

　いずれにしても、国庫補助負担金と地方交付税交付金の在り方については、地方自治の本旨である住民自治、団体自治による行政執行を確保する観点から、国と地方の財源調整の在り方を見直すべきである。

　国と地方の税源（現行）は、国税では所得課税（所得税、法人税）、消費税などがあり、都道府県税では法人事業税など、市町村税では固定資産税、住民税などがある。国と地方との税源の調整とは、景気変動に影響を受ける税源とあまり影響を受けない税源

がある中で、国は経済成長（変動）に影響する税金（所得税・法人税など）を、また地方自治体は経済成長の影響をあまり受けない税金（消費税など）を、それぞれの税源の中心とする方向に見直すことが考えられる。例えば、住民税の所得割、法人事業税の所得割は国税へ回し、同額を消費税のうち地方分の割合を増やすことなどである。

国と地方の税源についても、地方自治の本旨である住民自治、団体自治による行政執行を確保する観点から、その在り方を見直すべきである。

オ　地域での取組の在り方

農山漁村はもとより、都市地域においても内発的な地域づくりへの取組が各地で推進されることが期待されている。

とりわけ人口減少の都市がある一方で「消滅可能性」があるとされた縁辺部の少なからぬ自治体では、2010年代前半から人口の社会増が始まっている（＝縁辺革命）。外来型開発のような外からの「借り物の豊かさ」ではなく人と自然のつながりの中から小さな「起業」や「継業」クラスターが生まれ、地域に根差し長続きする新たな「生態系」をつくり始めている[84]。

このような地域での取組では、地方自治体が中心的な役割を果たしており、自治体が地域づくりを円滑に進める上で、地域の住民、事業者、団体等とのコミュニケーションを通じて、理解・共感を確保していくことが重要になってくる。

こうした地域づくりの特徴を踏まえると、地域の産業による地域の内外の需要の獲得と日常生活関連部門の産業による地域外への利益の漏洩の最少化を図れるものとして、「食と農に関わる産業」（食料産業：農業〜加工・流通〜消費）は地域内経済循環に重要な地位を占めていくことが期待されている。

また、地域内経済循環を確立するためには、地域の脱炭素化とエネルギー自給率向上の観点から再生可能エネルギーの生産拡大を図ることが重要なテーマ[85]になってくる。そして、それはエネルギー兼業として農家の稼得機会を与えるものとなる。こうしたプロ

---

84. 藤山浩著『日本はどこで間違えたのか』2020年。社会増上位20位のランキングとその事例として、鹿児島県十島村、高知県梼原町を挙げている（pp158-166）。
85. 重藤さわ子「再生可能エネルギーを地域のベネフィットに」『世界』2023年9月号、pp204-211参照。

ジェクトを企画していく場合に必要な土地の確保や地域活性化のための施設用地の確保などを盛り込んだ土地利用計画について、地方自治体が必要な調整を行っていくことが重要な課題となる。

　特に、福島原発事故以降、農業を始め地域の産業が化石エネルギーへの依存度が高く地域内外で稼いだ利益が地域外へ漏れ出している現状を踏まえ、再生可能エネルギーを利用した地域づくりが注目されている。

　一般的に化石エネルギー（ガソリン・灯油・重油などの石油製品、あるいは化石燃料による電力等）を地域外から購入することは、地域内外の需要の確保で得られた地域内の利益が地域外へ漏れ出していることを意味する。こうした状況を反転するためには、地域内の太陽光、風力、バイオマス等の再生可能エネルギーを熱・電力などの形態で活用することによって、漏れ出していた利益を地域内にとどめることが可能になる。その上に、それを地域内で新たな産業、既存産業の生産・販売の拡大に活用することを通じて、雇用・所得の増大を創出し、地域経済の成長を確保するという地域内経済循環の構築に資することになる。

　なお、地域衰退からの脱却の手段の一つとして、国立研究開発法人農業・食品産業技術総合研究機構（農研機構）は農山漁村エネルギーマネジメントシステム（VEMS）

図・表15　農山漁村エネルギーマネジメントシステム（VEMS）のイメージ

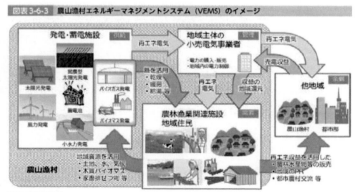

農林水産省「食料・農業・農村白書 令和元年度」p293

（図・表15）を提唱している。このシステムは令和元年度白書によれば「農林水産省を始めとした関係府省は、農山漁村等の地域に合わせたエネルギーマネジメントシステム（VEMS）等、地域経済循環につながる地産地消モデルの普及を進める」（図表3-6-3）としている。

　この農研機構の構想は、これが実現すれば再生可能エネルギーを起点とする地域経済循環の構築に現実味が帯びてくるものと期待される。しかし、この構想は、あくまでも農山漁村（供給サイド）のエネルギー（電力＋熱）生産・供給の在り方を示すものであり、需要サイドとの関係が明らかではない。つまりエネルギー需要をどの程度のもの（地消（地域内の消費）＋外消（地域外の消費））と見込み、供給サイドである農山漁村地域に賦存する地域資源を前提にどのような再生可能エネルギーをどの程度供給し得るのか、その上で、採算がとれる供給量がどれほどと見込めるのかといった情報を明らかにして、地域住民を含めた利害関係者の参加による需要と供給の調整のプロセスをどのように行っていくのかというソフトの仕組みを明らかにする必要がある。

3）衰退過程からの脱却の手段〜地域活性化プランの作成手法

　以上の点を踏まえて、地域活性化プランを作成するための手法としては、まず、地域の産業としては何を位置付けるのか。例えば、農業（耕種・畜産）、作目（米・野菜、牛・豚・鶏）、食料産業（加工・流通・観光等）、外需の獲得（ものの移輸出、サービスの移輸出）などである。

　次に、上記の産業の展開により地域内で発生する様々な需要（日常生活に必要な財・サービスから販売する財・サービスの原料まで）に対応して生まれる産業の振興策をどうするのか。例えば、地域の所得が外部に漏れ出ている現状の把握（どこで、どの程度、漏れているのか。その漏れをどのようにして減らしていくのか。その場合、最大の貢献は、脱炭素化と再生可能エネルギーの振興の在り方が関係することから、それをどの程度織り込むのか。）が重要となる。

　そのために現状を把握する手段として、データの収集として地域経済分析システム（RESAS）や政府統計の総合窓口（e-stat）を活用する。

　データを収集しこれを解析した結果を踏まえて政策を立案する。その際の手段としては地域の産業連関表の活用や地域における土地の計画的利用制度が考えられる。

　最後に政策を作成する主体及び関係者の関係を明らかにすることである。執行機関（首長部局）＋議決機関（議会）との協働に加え、地域住民の参画、教育・研究機関、コンサルティング機関との連携の在り方を明確にすることが重要である。

（4）農村・地域政策の構築の必要性

　この節で述べてきた地域政策の在り方は、新しい農村政策の方向と基本的に重なると考えている。農村に賦存する農地は、国民一人一人の食料安全保障を確立する上での基盤であることから、食料生産と他の産業分野の土地利用の整序化を図れるようにすることは重要な課題である。

　そのような考え方に立てば、持続可能な食料生産を実現する上で、農地の効率的かつ効果的な利用が担保し得るように、農地改革以来の分散錯圃をはじめとする農地問題の解消に資する新たな制度を構築することが重要な課題となってくる。

　したがって、農村政策と地域政策について、現状のように別々の政策として推進していくのではなく、両者を効果的かつ効率的に推進するために両政策分野を融合させて新たに農村・地域政策として構築していく必要があると考える。

3. 農村・地域政策の実効性を担保する 新たな土地利用制度の在り方

　明治維新以降の日本の近代化の歴史は、拡張期の時代（人口の増加、物価の上昇、経済の成長を基本）が長く続き、20世紀の終わりから21世紀のはじめの時期に転換点を迎え、それ以降は収縮期の時代（人口の減少、物価の下落、経済の停滞・衰退）が続いている。その結果、膨張を続けていた都市部では、空き家・空き地問題が深刻化し、農山村では耕作放棄地や管理が放置された森林が大量に発生することとなった。こうした現象をもたらした要因の一つとしては、拡張期に構築された土地制度が収縮期の

諸条件に見合った制度に改革されてこなかったからと考えられる。

　日本社会の維持・発展にとって不可欠な要素である土地の所有や利用に関する制度の在り方と社会的・経済的状況の変化の下で発生した諸問題については、「(参考)土地の所有・利用に関する規制の在り方」を参照してもらい、本節では、その解決の方向を提示することとする。

(1) 現在の日本の土地利用制度の特徴

　日本の土地利用制度は、中央集権的な仕組みないし性格、開発自由・例外規制の理念、縦割り型規制制度の3つの特徴がある。

1) 中央集権的な仕組みないし性格

　欧米と日本との違いは、欧米における土地利用制度は、補完性の原則に則り、その運用の権限は基礎自治体に帰属している。一方日本では、中央政府による地方政府(地方自治体)への関与が強い、中央集権的な仕組みないし性格を現在も色濃く持っている。

　明治時代の「富国強兵・殖産興業」路線は、1930年代からの中国や米国などとの無謀な戦争とその敗戦を反省して制定された現行憲法において「戦争放棄」を誓い「強兵」路線が放棄された。しかし、「富国」路線(経済成長・開発路線)は維持され、引き続き戦後復興から高度経済成長期以降も国家目標として位置付けられた。その実現のために中央政府による経済成長・開発主義の政策が実施された。

　所得倍増計画(1960年)、全国総合開発計画(1962年)、日本列島改造論(1972年)などは、「中央集権的開発路線(現代版の「殖産興業」)」と呼ぶことができる。これを制度的に補完していたのが明治憲法時代以来存在していた機関委任事務制度であった。この制度は、地方分権改革によって2000年に廃止されたが、補助金制度の存続に加え機関委任事務制度下で機能していた国の法令の解釈運用に関する地方自治体への指示命令が国の「技術的助言」に変わったとはいっても、それらの仕組みによって、実態上、国と地方の上下関係は続いていると考えられる[86]。

　中央集権的な統治機構と親和性の高い経済システムとしては、大量生産・大量消費を前提とする「重厚長大型産業」システム(=「集中・メインフレーム型」システム)があっ

た。このシステムは、人口が増加するとともに国民の価値観がおおむね「豊かになりたい」などの一つの方向に収束し、物価も緩やかに上昇基調をたどるような経済成長を前提とする場合には機能する。しかしながら、国民の価値観が多様化し特にバブル経済崩壊以降、人口減少、物価の下落、経済の停滞という社会的・経済的な構造変化を踏まえると、このシステムは機能不全に陥った。そのことに加え、日本社会は、阪神淡路大震災、東日本大震災をはじめとする大地震の多発や、新型コロナウイルス感染症のパンデミック、地球温暖化による大型台風の発生など激甚な災害に見舞われるようになった。すなわち「リスク社会化」したのである。

　以上のような変化を踏まえると、「集中・メインフレーム型」システムを見直すべきであるが、特にインターネットシステムの普及等を考えると、「地域分散・小規模分散ネットワーク型」経済構造への転換が求められているといえる。そのシステムのメルクマールは、自治・分権を基本とするネットワーク型の社会を形成すること、ボトムアップ型の民主主義社会を形成することにある。

2）開発自由・例外規制の理念

　欧米の土地利用制度は、土地及び空間はその利用の在り方がその地域の構成員に影響を及ぼすものであることから私的所有権に対して公共の福祉が優先するとの観点に立って、「計画なければ開発なし」が原則とされている。一方、日本の制度は財産権の不可侵、所有権の絶対性を理由に「開発自由・例外規制」の理念に立脚している。

　その背景には、市場原理を通じた所得の確保を基本とする考え方、すなわち、政府が主導して経済成長を実現するので、その成長の果実は、市場における競争を通じて、

---

86. 機関委任事務の廃止に伴い、約6割は自治事務に、約4割が法定受託事務に移行したとされる。自治事務及び法定受託事務について、個々の事務を規定する個別の法令の枠組みは基本的に従来のまま存続していた。川崎政司『地方自治法基本解説　第8版』、2021年。なお、片山善博「機関委任事務の亡霊が幅をきかす自治の現場」、『世界』2023年12月、pp157-159によれば、国が法令の解釈などを自治体に示す文書などは「技術的助言」であるから通知を受け取った側がなるほどと思えばその解釈を受け入れ、それが間違っていると思えば無視するだけである。しかし、国から通知を受けた地方自治体の職員からすると「それはそうかもしれないが、日々の職場で仕事を進める上ではこうした通知が絶対ですから」と応え、「それを押し返すだけの自信がない」し「仮にあったとしても上司はそれを容認しない」という実態を紹介している。こうした現状は追認することはできないことから、弁護士を職員として採用し、国からの主だった通知を点検することから始め、そこに自治権をおかす内容があれば、市長会などを通じて国に異論や反論を伝えるべきであり、それが自治体の長の責務の一つであると指摘している。脚注80参照。

国民各層に各個人の所得として均霑（トリクルダウン）され、豊かな生活が実現されるはずであるという考え方である。

こうした考え方は、所得再分配を実現する社会保障政策においても貫徹され、例外的に政府の施策（公助）はあるものの基本的に個人ないし家族による自助（働かざるもの食うべからず）を基本とする考え方に反映している。

土地の利用開発制度の基本的考え方は、私的財産（特に土地）の不可侵が当然の前提とされ、土地の使用・収益・処分は、原則所有者の自由であり、公共性の観点から規制をかけるとしても、それは例外的措置（＝必要最小限規制）に限定されるというものである。こうした考え方からは、土地の特性から生じる外部性や本源的生産要素についての認識がなく市場メカニズムに任せれば最適な状況が実現されるという結論が導き出される。

3）縦割り型規制制度

明治憲法は、天皇主権の下で国政を担う機関が徳川幕府のような存在にならないこと、三権分立制をとり行政府の権力が強大にならないようにすることから、天皇に対して国務大臣の単独輔弼制をとることにし、内閣制度は憲法上位置づけず内閣官制で規定された。その結果、内閣における総理大臣の地位は「同輩中の首席」と他の国務大臣と同等のものとされ、閣議は全会一致の原則とすることとされ、総理大臣の権限は甚だ弱いもの＝逆に言えば、各省の独立性が強いという特徴[87]があった。

明治憲法における統治機構上の問題を解消するために、現行憲法は行政権が内閣に帰属することを明らかにし、その内閣は国権の最高機関である国会の信認を前提に連帯して責任を負う議院内閣制を位置付けている。その上で内閣総理大臣の地位及び権限については国務大臣の罷免権、内閣の首長たる地位、行政各部の指揮監督権を憲法上明記した。内閣総理大臣は強力な指導権を持っていることを明らかにしている。

しかし、憲法より下位にある内閣法には戦前の権力分立的な行政権と弱い首相を制度的に担保しようとする意図が盛り込まれているとされ、その結果、分立的な運用＝縦割

---

87. 大日本帝国憲法では日本における軍隊を指揮監督する最高の権限（最高指揮権）である「統帥権」は、天皇大権として位置付けられ内閣の権限外とした事で、軍部による独走を招いたことがその典型である。

り型行政が存続することになったと考えられる。そのことに加え、頻繁な内閣改造が行われたことにより縦割り型規制制度の存続を補完したと考えられる。

(2) 拡張期から収縮期への転換が土地制度に及ぼした影響

　拡張期（人口増加、物価の上昇（＝土地価格の上昇）、経済の成長を通じて、土地に対する都市的需要が旺盛な時代）から収縮（人口の急激な減少、物価の停滞（下落）（＝土地価格の停滞（下落））、したがって、地価の上昇が期待できないという意味で所有するメリットがなくなる時代）への転換は、土地の「負動産化」、空き家、空き地、耕作放棄、管理放置森林が広汎に存在し、あるいはそうした事態が危惧される状態を招いた。拡張期から収縮期への転換の時期とは、バブル経済の崩壊、デフレ経済への突入、人口減少（特に生産年齢人口の減少）への転換等をメルクマールと考えると、1990 年代（要すれば、1995 年前後）と考えられる。

1) 高度経済成長期（1955～1973年）

　拡張期に当たる高度経済成長期においては、都市的土地需要の増加に伴って非農地に比べ相対的に安価な農地（それも市街化区域以外に所在するもの）に対して宅地、工場用地、公共事業用地などへ転用する開発圧力が集中した。その背景には、農地制度と都市計画制度の間に、農地を非農地化した場合の「シームレスな規制」が存在していなかったことによるものと考えられる。

　優良農地を保全するための転用規制の実効性を確保するためには、農地制度における転用規制がその趣旨に沿って運営されること、転用後の土地に対する規制が機能することにより、農地への転用圧力が防止される必要があるということである。つまり、二つの規制の理念が共通であり、両制度の間に規制の欠缺がない（＝シームレスである）ことが必要ということである。

　優良農地を保全するための転用規制の在り方については、米過剰には水田に米以外の作物への転作で対応することとなっていたにもかかわらず、「水田は余っている」「農民の所得確保につながる」といった理由から積極的に転用を認めていくとの運用

がとられていた。こうした運用は、転用規制という「公共目的」を「私的所有」の論理でひっくり返すことにもなり、農地制度そのものの正当性を著しく毀損することを意味するものであった。

　都市法制においてもすべての「転用後の土地」についてその計画的利用を担保するためには、一定の公的コントロールの下に置く必要がある。しかし、日本の都市計画制度は、基本的に都市計画区域内だけを規制の対象とするもの（原則「自由」例外「規制」）であり、需要に応じて供給することを是とする「市場原理主義」に立脚していたことに加え、優良農地は平坦な土地で開発に適していたこともあって農地への開発需要の見込みがあればそれに応じて供給を認めていくとの考えをとっていた。

　いずれにしても、農地制度と都市計画制度について、土地利用制度を一元化するか土地の用途に応じて分立した土地利用制度とするのであれば制度間の理念とその手段の共通化が必要であったといえよう。

2）変動相場制から規制緩和・民活路線（1973〜1990年）（バブル経済）

　高度経済成長から安定経済成長へと移行し、欧米先進国へのキャッチアップ過程が終了した1980年代に登場した中曽根政権下では、行革・民活（規制緩和）路線がとられ農地への開発圧力は引き続き強まっていった。その背景には、1985年のプラザ合意に伴う急激な円高により、国内工場の海外立地＝国内製造業の空洞化を招く一方で農産物・食料品の大幅な内外価格差がもたらされたこと、景気刺激政策としてとられた金利引下げによりバブル経済（株式・土地の高騰）がもたらされたことがあった。

　そうした状況において、農業部門はコメの減反政策の一方で農産物の輸入拡大、自由化が求められ、さらに景気対策の観点からも農地転用規制の緩和が求められた。

3）バブル崩壊以降の経済停滞期（1990年代以降）

　1990年代初頭のバブル崩壊に伴い、株価・地価の急激な下落が起こり、土地担保主義を取っていた金融機関に大量の不良債権が発生した。しかし、地価の上昇が起こるとの期待感から不良債権の機動的な処理を先送りした。そうした中で、山一證券の自主

廃業をはじめとする金融危機が起こった。

　バブル崩壊に伴う景気後退に対して、当初は減税と公共事業の拡大という従来型の景気対策がとられたものの、その効果が見られず財政が急速に悪化することになった。その結果取り得る対策としては、土地利用規制の緩和による住宅建設促進を通じた景気対策とならざるを得なくなった。

　なお、経済がそれまでの成長路線に復帰できないのは労働市場の硬直性（終身雇用、年功賃金制など）にあるとの主張から、終身雇用・年功賃金制度の見直し、労働保護制度の弾力化が強力に進められた。その結果、それまでの正規労働中心の態勢から非正規労働への転換が急速に進展し、賃金総額が減少傾向にあることに留意する必要がある。2000年代は、経済のデフレ化が進行した。

　いずれにしても、経済の成長による果実は市場メカニズムを通じて各自が努力すれば均霑されるとの考えに立脚して行われていたものであったが、このような政策はその前提条件を掘り崩すことになったのである。

4）収縮期の土地をめぐる問題

　欧米先進国へのキャッチアップ過程で機能していた政と官との関係（官僚内閣制、大臣の各省代表制、政府与党二元代表制）は、1980年代からはじまっていた経済の構造的変化や特に1990年代に頻発する官僚のスキャンダル等によって機動的かつ効果的に政策を展開することができなくなっていた。このため、行政改革、規制改革、地方分権改革、政治改革、公務員制度改革などが行われ、2010 年代には、政治主導の統治機構ができあがった。一方で、1990年代後半からのデフレ経済に加え2000年代には人口減少社会に突入すると都市部での空き家・空き地問題、農山村における耕作放棄地・山林の管理放置が大きくクローズアップされるようになってきた。さらに所有者不明土地については、2016年時点の推計で全国410万㌶（九州本島の土地面積367万㌶を上回る規模）、今後新たな防止対策を講じなければ2040年時点で約720万㌶（北海道本島の土地面積780万㌶に近い水準）と推計している[88]。

　人口増加を前提に開発圧力の強い状況下で、土地所有権の「絶対性」の観念を基

本に、最小限度の規制を前提とする土地の所有・利用に関する規制制度は、人口減少などの状況においては「機能不全」となり、空き地・空き家・耕作放棄に加え所有者不明土地の大量発生のおそれなしとしない状況に陥っているといえよう。重厚長大型の大量生産・大量消費を前提とする集中・メインフレーム型システムは、リスク社会化した状況においては、地域分散・小規模分散ネットワーク型経済構造への転換に加え、日本の土地利用制度の三つの特徴が変わらなければ、前述の課題を解決することは困難だということを示唆している。

（3）今後（収縮期）の土地の所有・利用に関する制度の在り方

　日本の土地制度は、1.で説明したように、農村集落による土地の集団的管理（総有）が明治維新による近代化の過程で個人的所有権が確立し、その所有権が「開発自由・例外規制」を前提に運用されてきた。しかし、欧米の土地制度は、公共の福祉が優先するとの観念から計画なければ開発なしの原則のもとに運用されている。

　以上のような経緯を踏まえ武本俊彦[89]は、縦割り型土地・空間に関する現行制度を、基礎自治体が地域住民の参画を前提に統合的管理計画を策定する制度に転換すべきと主張してきたが、このような土地利用制度は、新たな農村・地域政策の効果的な展開を担保する前提条件を構築することになる。

　今後の土地利用制度の在り方は、現行土地利用制度の三つの特徴を見直していくことが基本的な方向になってくることから、それを前提にすれば具体的には次の方向で検討すべきと考える。

　第一に、農地制度、都市計画制度などの土地の利用に関する制度は補完性の原則から、基礎自治体（市区町村）の権限とすることを明確化することである。土地に対する過少利用時代には単なる規制緩和では土地の有効利用を確保することができないこと、

---

88. 所有者不明土地問題研究会最終報告書概要(2017年12月13日)参照。なお、所有者不明土地とは、「不動産登記簿等の所有者台帳により、所有者が直ちに判明しない・・・土地」と定義され、入会林野のように集落に行けば誰が管理しているかが分かるものも含まれてしまう。その意味で過大な数字となっている可能性がある。高村学人ほか編著『入会林野と所有者不明土地問題　両者の峻別と現代の入会権論』、2023年参照。
89. 武本俊彦「土地の過少利用時代における農地の所有・利用の在り方」、『地域開発』、2021. 冬vol.636、pp50-54参照。

局所的に発生する土地の都市的需要に対応するために規制緩和を行えば、その周辺にある「空き地」等の未利用地が放置されたまま優良な農地がかい廃されることになる可能性がある。このため、具体的には一定のエリア（例えば基礎自治体の区域の範囲）を対象に長期的な土地の有効利用と適正管理を図る観点（いわゆる「まちづくり」）から土地利用管理などに関する計画を策定し、それに基づき開発を規制し、望ましい土地利用管理へ誘導するシステムに切り替えることが必要である。その際、欧米の都市計画制度を参考に、一元的な土地の所有・利用に関する規制制度を構築することが重要である。

　第二に、土地の所有・利用の規制に関する国の法律は、第一に記述したように、これを統合することが望ましい。しかし、制度の統合には、関係省庁間の権限・組織・定員・予算の調整の問題が絡むことから、長い時間を要する可能性が大である。したがって、次善の策として、関係する法律は縦割りのままとするとともに、土地の所有・利用の規定の在り方は大枠的・概括的な内容に切り替えることとし、制度の詳細は基礎自治体の条例で規定する方向に改めることとする。つまり、中央政府の制度は分立的であっても、基礎自治体の段階で統合的な計画の策定が可能になるようにするのである。

　第三に、基礎自治体は、当該自治体のおかれた自然的・社会的・歴史的・文化的条件を踏まえて、土地の所有・利用に関する規制制度の具体的な内容を策定することになる。その場合、その策定の過程においてとるべき地域住民の意見の反映の在り方について必要な場合の住民投票の扱いなどの手続きを条例で規定することが必要となる。なぜならば、地域住民から見れば、制度の安定性、透明性、予測可能性が担保される必要があるからである。

（4）農地制度の抜本的改革

　農地改革によって誕生した自作農体制は、再び小作人へと転落することが危惧され、GHQの指示によって農地改革の成果を温存するために、農地法が成立した（1952年）という経緯がある。

　農地法は戦前における農地立法に関する成果を継承している。まず、食料増産を目

的とした農地の権利移動の統制（許可制度）と転用の規制（許可制度）の関係は基本的に継承された。また、小作人の地位に関しては小作人のままで小作権を強化する方向と小作人を自作農とする路線があった。こちらは、戦後の農地改革によって地主の土地を国が強制買収して小作人に売り渡す自作農化を選択した。

　農地改革によっても残された「残存小作地」に対しては、農地法施行後に新たに設定された小作地を含めて、土地の貸し借りの実勢の水準とは関係なく小作料を低く抑え、地主による解約や更新拒絶は原則的に許さないようにし、できるだけ自作地化を目指すという「自作農主義」を採用した。

　なお、自作農とは、農業者が農地を所有し、家族労働（自家労働）によって農業を行い、収益が農家に帰属する形態であり、これを対象とする農地法は、所有と経営が分離する「企業的農業」は想定していない。

　こうした自作農主義を前提とした農地制度は、社会経済の変化に伴い、農業者の経営が作物の複合化、経営の多角化等を通じて多様化し、また、通勤兼業機会の増大によって、専業から兼業まで農家自身の多様化が起こってくると、現場の農業者間において多様な形の賃貸借のニーズが生まれたとしても、農地法で想定する貸し借りの類型に該当しないものであれば、結果的に請け負い耕作を含めた「ヤミ小作」を発生させることとなった。

　こうした「違法状態」を解決する観点から、農地法の基本的枠組み[90]をそのままにして別に農地の賃貸借を推進することのできる法体系を創設することとし、いわば二本立ての制度体系とした。

　（3）で説明した土地利用制度の改革を前提にすれば、農地制度における農地から非農地への転用に関する許可制度は、この新しい土地利用制度の下で農地を含むすべての土地の計画的利用が担保されることになることから、この制度に統合（あるいは吸収）することが適当と考えられる。

　次に、農地制度の農地の所有・利用の移転に関する許可制度については、前述の

---

90. 一度小作契約を締結すれば、実勢に比べ極めて低い小作料しか収取できず、地主側の事情で返してもらうことはほとんど不可能な状態となること。

二本立ての法体系を次のような一つの法制度に切り替えることとしてはどうかと考える。

　まず、新たな農地制度を構築するにあたり、日本農業にとって最大の桎梏ともいえる「分散錯圃」の現状を前提としたままで、効率的な農業経営に対して農地の集積・集約をどのようにして実現するのかという問題がある。また、新たな農地制度の下では、地域の諸条件に応じて多様な主体が多様な形態の農業を展開できるようにすることが重要であり、例えば企業による巨大なメガファームが存在できるようにし、また、規模は小さくともまねのできない高度な技能を駆使した特色のある家族経営が展開できるようにし、あるいは生物の自然循環機能の発揮を基本とする農的な暮らしを維持することなどである。

　以上の課題に対応するために、例えば、農地の所有権には、国民一人一人の食料安全保障を確立する観点から、農地を農業的（「農的な暮らし」を含む）に利用する法律上の義務を課すこととし、所有者が農業的利用をできない場合には第3者にその利用する権利を設定する義務があることを、また、農地を利用する者は農業的に利用する義務を負うことを明らかにする。

　そのことを前提に、地主（農地の貸し手）が公共部門（例えば、基礎自治体）に対して利用権を設定することができるようにする。その際、公共部門は、分散錯圃状態を改善する上で必要があれば一定の手続き（例えば、一定の区域を限って利害関係者の意見を聞いて地域指定を行うこと）を経て、地主に対して公共部門への利用権設定を指示することができることとする。こうした措置によって、一定の面的に集約され利用権が設定された農地を対象に、別に定める「農地利用計画」（例えば、新たな土地利用制度に基づいて、地域指定がなされた地域内の農地の農業的利用について、利害関係者の意見を聞いて策定されたもの）に基づいて、公共部門から農地利用希望者に転貸することとする。

　その場合の利用権とは、現行の利用権のような一定期間が到来すれば当然に消滅するという権利ではなく、法定更新を原則とすることによって転貸された借り受け主体が長期的視点に立って土地改良投資等に取り組めるようにする。

　なお、上記の制度改正の前提として農地を巡る議論を整理する必要がある。特に、「耕作放棄地の発生は農業用に使いきれないこと＝農地は余っている」との主張があ

る。すなわち、人口減少社会において余ってくる農地は農地以外に転用すべきだという主張につながりかねない。農地の林地化という財政論からの主張も同じ文脈にある。小川真如[91]は、一定の前提（人口減少、農地減少のトレンドなど）のもとに全国民が必要とするカロリーを生み出すための必要な農地面積が将来の農地面積を下回る時期を2050年代初頭と予測している。食料安定供給確保の観点から余ってくるとされる農地が出現する時代を迎えることから、残された期間に将来余ることになる農地について、世界の将来人口が増加する中で、コストのかからないとされる元の自然に返すのか、外国人に管理をゆだねるのか、いざという時に国内外の食料の安定供給に貢献させる観点から農業的に活用していくことにするのか、今からこれを議論すべきだと主張している。

（5）新たな土地利用制度の果たす役割

　1.及び2.において主張してきた農村・地域政策の実効性を担保するために必要となる新たな土地利用制度の在り方は、農地制度の抜本的改革と相まって、農村・地域政策が食料システムの基盤を確立し、その持続可能性を担保する役割を果たすことが見込まれる。

　また、株式会社による農地所有については、規制緩和の切り口から主張する意見があるものの、こうした意見は土地の外部性を無視するものであり、株式会社か農民かという属性により所有の是非を判断するものではなく、農業的利用が担保される制度の確立を前提に判断すべき問題である。こうした観点に立つと、新たな土地利用制度及び新たな農地制度を前提とする農村・地域政策が構築されるのであれば、株式会社による所有権取得[92]はいわば法の下の平等の観点から解禁することが適当である。

　さらに、新たな制度の誕生は、土地所有権の相続等による所有者不明地や耕作放棄の回避にもつながることが期待される。

　3.では、日本の土地利用制度について、土地の過少利用＝収縮期の土地の所有・利用に関する制度のあり方を検討し、改革すべき方向を提示した。現下の深刻な課題とな

---

91. 小川真如『日本のコメ問題』、2022年、同『現代日本農業論考』、2022年参照。
92. 武本俊彦「一般企業に農地所有を認めることができないのはなぜか」、『季刊地域』、2021AUTUMN、pp67-71参照。

りつつある土地所有者が不明な土地の対応策としては、経済財政諮問会議の「骨太方針2017」「骨太方針2018」で示された方向に沿って、各省で検討が行われ、以下の法制化が図られた。

　法務省では、共有財産の管理の在り方、不動産登記制度の在り方、相続により取得した不動産の管理の在り方等について検討がなされ、2019年5月に「表題部所有者不明土地の登記及び管理の適正化に関する法律」、2021年4月に「民法等の一部を改正する法律」及び「相続等により取得した土地所有権の国庫への帰属に関する法律」が制定された。国土交通省では、所有者不明土地の円滑化等の在り方について検討するとともに、土地の基本理念として土地は国民の諸活動の基盤であり、その利用・管理が他の土地の利用と密接な関係を有する等の土地の特性に鑑み、公共の福祉の観点から、適切に利用・管理されなければならないとの土地所有者の責務を明らかにすることが検討され、2018年6月に「所有者不明土地の利用の円滑化等に関する特別措置法」、2020年3月に「土地基本法等の一部を改正する法律」が制定された[93]。農地関係についても、2018年度に「農業経営基盤強化促進法等の一部を改正する法律」により所有者不明農地の利活用の方法が措置されている。

　このように所有者不明土地の取り扱いについては、一定の制度的手当てがなされたところであり、今後の制度の運用を注視していく必要があるが、人口減少がより一層加速する可能性がある一方、東京圏への一極集中がとどまることがなければ、日本経済・社会の衰退がより一層強まるおそれなしとしない。

　そうした事態の可能性を踏まえると、私的所有を前提にしつつ公共性の観点から一定の規制を加えるという現行の土地所有権解釈を含めた土地制度の在り方については、「新たな土地の公有化」を含めて、さらなる「改革」が求められることになる可能性があると思われる。なお、そうした見直しに際しては、今回提案している農村・地域政策及び新たな土地利用制度が運用されていればその経験が貢献することになると考えている。

---

93. 以上の所有者不明土地関係の法律制度の改正については、日本弁護士連合会所有者不明土地問題等に関するワーキンググループ編『新しい土地所有法制の解説』、2021年、山野目章夫『土地法則の改革 土地の利用・管理・放棄』、2022年参照。

土地の所有・利用に関する規制の在り方

　日本は、明治維新以来、欧米列強からの独立を維持するために富国強兵の国家を形づくり、その実現のために殖産興業を追求することとした。その場合、土地制度をはじめとする社会経済に関わる仕組みは、国家目標とその達成に必要な手段を補完するものとして構築された。

　明治維新以降の近代化の歴史は、拡張期の時代（人口の増加、物価の上昇、経済の成長を基本）が長く続き、20世紀の終わりから21世紀のはじめの時期に転換点を迎え、それ以降は収縮期の時代（人口の減少、物価の下落、経済の停滞・衰退）が続いている。その結果、膨張を続けていた都市部では、空き家・空き地問題が深刻化し、農山村では耕作放棄地や管理が放置された森林が大量に発生することとなった。こうした現象をもたらした要因の一つとしては、拡張期に構築された土地制度が収縮期の諸条件に見合った制度に改革されてこなかったからと考えられる。

　市民革命により市民の自由や財産の不可侵などの権利が保障されるようになると、産業革命を通じて市場経済が確立するようになる。その結果、市場で取引されるすべての財・サービスは、需要と供給により形成された価格で取引されれば効率的な資源配分が実現するとの考え方が成立することになった。その背景には、所有権の観念性、抽象性を前提に市場メカニズムが成立するようになったからである。政府の介入は望ましくないとする考え（夜警国家論）の登場である。

　土地は、農産物や工業製品のような一般の財とは異なり本源的生産要素（価格によって生産量が変化するものではないこと）であること、外部性を有する財でもあることから市場メカニズムでは資源の最適配分ができないとする考え方が登場する。そのことから、政府の介入により適正な利用を確保することが正当化されるようになる。福祉国家論の登場であり、土地利用を規制する根拠が生まれるようになる。

　土地の所有・利用の規制の根拠については、次の諸点がある。

ア　憲法第29条の財産権、民法第206条の所有権における規制の根拠

　所有権とは「法令の制限内において、自由にその所有物の使用、収益及び処分する権利」（民法第206条）とされ、財産権は「これを侵してはならない」（憲法第29条第1項）とされている。

　所有権については、封建時代の身分制社会から近代市民社会が成立することに

よって所有権の絶対が認められることになったとの主張が存在する。しかし、この意味するところは、フランス革命などを通じて封建的な負担から解放され、土地を直接使用しそこで生活している人々に全面的な（近代的な）所有権を与えたことをさしているものであり、一種の歴史的スローガンにほかならない。所有権の絶対性とは、封建的な束縛・負担から自由だという意味であって、あらゆる拘束から自由な所有権を認めたものではない。

憲法第29条第2項は「公共の福祉に適合するやうに法律でこれを定める」と規定されているが、そうした考えを反映したものであり、その制限の具体的表現として、民法第206条は、所有権の権能に「法令の制限内」という限定を付している。そのように考えると「土地所有権＝財産権の内容」＝「公共の福祉に適合するやうに法律でこれを定める」こととされているので「法令（＝ 法律）」によって「所有権」の内容にどこまで制約をかけることが可能であるかという問題にほかならない。

公共の福祉による制約の内容としては、権利の公平な保障を目的とする自由国家的公共の福祉（内在的制約）と、人間的な生存の確保を目的とする社会国家的公共の福祉（政策的制約）の両方を含むとされている。前者に相当する消極的規制としては、他者の生命・健康に対する危険、災害防止のための警察規制、隣地間の権利調整に関する相隣関係上の規制があたり、行政法理論では警察規制と呼ばれるものが相当する。

後者に相当する積極的規制としては、農地法に基づく権利移転の制限、都市計画法に基づく土地利用規制、自然環境保全法・自然公園法による環境保全のための規制、文化財保護法による文化財保護のための規制などがあたり、行政法理論では公用制限と呼ばれている。

以上の概念を前提に法律による所有権の制約について考えると、主権者である国民から直接選挙で選ばれた代表者により構成される国会は、国権の最高機関とされ唯一の立法機関とされていることから、国会は違憲でない限りあらゆる内容の法律を制定できること、すなわち明示的に違憲（例えば、その制約が憲法第29条第3項に該当する事案にもかかわらず、何ら正当な補償を行っていない）の場合を除き立法化が可能と考えられる。

日本の都市計画制度は、欧米に比べると建築自由の原則に立脚し例外として規制を加えることとしていることから、その規制内容も必要最小限の規制となっている。そ

の理由として、土地所有権は「日本独特の強い権利である」ことをあげているが、天皇主権を規定する明治憲法下ではなく、国民主権を基本とする現行憲法から導かれる当然の制約とは考えられない。それは、例えば都市計画法を所管する行政部局が立法政策として判断した結果であって、欧米型の規制のあり方を選択することも現行憲法は許容していると考えられる。

イ　都市法制における規制の考え方

　都市づくりを推進するための政策と土地法制を含む関連諸制度を包含した都市法制においては、都市が拡大する「都市化社会」から成熟した「都市型社会」へ移行し、さらに急速に進む人口減少を背景に、都市が収縮ないし後退せざるを得ない「縮退型」へと変化していることを踏まえて、各般の修正等が行われてきた。

　しかし、あるべき都市法の観点から評価すれば、現行の土地の所有・利用に関する制度の在り方については、従前と同様、市場メカニズムに立脚し例外的に必要最小限の規制を加えるとの考え方に変化は見られない。その考え方の概要は以下のとおりである。

（ア）必要最小限原則

　必要最小限原則とは、土地所有権者に対して規制を賦課する場合は公共の利益に対することのみが許されるという考え方である。規制の対象面ないし目的面のいずれの場合でも必要最小限の規制しか制度化されてこなかった。例えば都市計画法の適用対象は都市計画区域内に限定され、それ以外の界域では別の立法による規制の可能性はあるとしても、原則としては規制が及ばないと解される。また、都市計画区域内の規制も必要最小限に限定されるとする。

　こうした考え方に対しては、憲法学の立場からは「社会国家的公共の福祉」による制限が当然に認められること、民法学の立場からは民法第206条においても「法令の制限内」という規定があり所有権規制の可能性が規定されていることとして、必要最小限原則に対する異論を示している。

　都市計画学者からも、必要最小限原則の考えに対する批判的意見があがっている。都市計画制度は、2000年代の過度な規制緩和と相まって、市街化区域内の既成住宅地の空洞化を放置する一方で、市街化調整区域で宅地化等のスプロール化を招くこととなった。こうした問題がある中で、都市計画制度の抜本的見直しについて

検討することなく、人口減少社会に対応するための「コンパクトシティ構想」を実現する装置として、2014年の都市再生特別措置法の改正により「立地適正化計画」が導入された。この制度改正は、市街化区域内において「都市に必要な施設」を誘導しようとする計画ではあるものの、他方で以前の制度改正により規制緩和をしてスプロール化が進んでいる市街化調整区域内では開発を抑制する必要があるにもかかわらず、この点を放置した点が問題である。

（イ）供用義務論

　供用義務論とは、1980年代のバブル経済期に国土利用計画法の主管官庁である国土庁から提示された考えで、土地所有権は本来、利用を保障することを主たる目的とするものであることから単に土地所有者による土地の利用義務だけではなく、自分で利用できない場合には他人の利用に供するという義務があり、この点まで含めた『土地所有権者の供用義務』があることという土地所有権の内在的制約を考えるべきという主張である。

　土地所有者に土地の利用義務があるとする根拠を、憲法第29条第2項から直接導くという考え方には異論があるものの、立法政策として供用義務を賦課することは可能ではないかと考える。供用義務論に対しては、地価の高騰局面から高度な利用（例えば高層の集合住宅を建設することなど）を図るべきとして、低層住宅として利用している場合「不十分な土地利用」と評価するなど、地域住民の土地所有権を制約・否定する原理として働く可能性があることから問題視されてきた。しかし、今日の土地の過少利用、地価下落局面における土地利用の在り方を新たに構築する観点からは、供用義務論を活用する余地が出てきたのではないかと考えられる。第4章の「第3節　農村・地域政策の実効性を担保する新たな土地利用制度の在り方」の「（4）農地制度の抜本的改革」における農地の利用に関する法律上の義務を課すという考え方は、共用義務論に立脚している。

　なお、収縮期における都市が縮退型へ転換し、土地に対する過剰利用が過少利用へ変化することに伴って市場メカニズムによっては対応できない状況が明らかとなった。こうした状況下で「まちづくり（都市計画のマスタープラン）」は、単なる「利用規制」のツールではなく、長期間を展望した「土地利用のマネジメント」としての機能をもたせるべきではないかとの考え方が登場してきた。「住宅政策（住宅困窮者対策）、都市政策（空き地の公共的活用）、環境政策（景観の創出）」との関連付けについて

ボトムアップ型の公益性調達の仕組みに変換すべきではないかといった論点を検討すべきとの考えもある。

　収縮期における都市空間のあり方については、「コンパクトシティ」のように一つの方向に限るのではなく、アト・ランダムに穴が空くように「スポンジ化」が起こる都市空間を、例えば農業、工業、商業のような3つの産業と住宅による空間の使い方の相互調整によって解決しようとする考え方も都市計画学者から提示されるようになってきた。

　このような都市における土地利用に関する長期的なマネジメント措置の導入は、土地の共用義務論によって正当化し得ると考える。

1. はじめに

　前述のとおり、当時の菅首相が2050年までに脱炭素の実現を世界に約束した。

　食料システムにおいてもゼロエミッション化の実現が求められている。その実現には、食料供給の効率性と持続可能性の在り方が問われてくる。すなわち、食料供給の効率性の追求は単収の増加、投下労働量の減少による生産性の向上を図ることにほかならないが、これまでは化石エネルギーを燃料とする機械化やそれを原料として製造された肥料や農薬の多投によって実現してきた。

　一方、食料供給の持続可能性の追求は、例えば畜産のふん尿からつくられた堆肥などの有機物の施用を通じた土づくりによって、化石燃料由来の肥料・農薬の使用を減らし、堆肥に含まれる炭素を土壌中にいったん隔離し、多様な微生物の働きによって時間をかけてCO_2の形で大気中に拡散するという生態系システムの活用が重要となる。

　このような経済活動（＝効率性）と生態系活動（＝持続可能性）とは、一般的には両立可能ではなく相互代替的（トレードオフ）な関係にあると考えられる。その場合、堆肥を施用する営農活動は堆肥の製造・施用が化石燃料を使用する場合に比べコスト増加要因となれば、経済の効率性を優先（＝化石燃料の多投化）し、堆肥を施用する営農活動を省略することが合理的ということになる。その結果は、地球温暖化（＝外部不経済効果）を促進することになる。一方、二酸化炭素に価格を付ける（例えば炭素税の賦課）ことになれば、価格の高い資源を節約し、価格の安い資源を多用する方向に技術は進化することが見込まれることから、化石燃料の減少とともに堆肥使用の営農活動が促され経営にとってプラスに働くことになる。

したがって、ゼロエミッション化の実現の観点からは、食料供給の効率性と持続可能性の二つの理念を相互補完の関係として位置づけ、その上で食料生産による生産性向上効果と炭素節減効果との定量化が可能となるよう例えば炭素税、排出量取引などのカーボンプライシング措置を導入すれば、効率性と持続可能性の合理的な調整が図れるようになるだろう[94]。

　なお、現行基本法で規定する食料安定供給の確保と農業・農村の果たす多面的機能の発揮という二つの基本理念の関係がどうあるべきかは明確には規定されておらず、強いて言えば両者は両立することを暗黙の前提にしているようにも思われる。

　本章では、まず気候変動という問題は、いわゆる外部効果の問題であるので市場の失敗のケースに該当し、地球規模の事象に対する対応が求められることから、政府の介入が必要であることを説明する。しかし、この問題の解決には国家間の交渉が必要となるものであることから、国際連合という場での交渉が必要であることを明らかにする。そうした気候変動への国際交渉や国内でのエネルギー政策の在り方について、これまでの経緯（国際交渉の詳細は、本章の最後にある参考を参照されたい）をトレースすることを通じて、特に日本の政策対応や国際交渉の対応が脱炭素化に後ろ向きであったことを明らかにする。その上で、日本のエネルギー政策は、基本的に原子力発電と石炭火力発電を重視することであり、世界的な趨勢である再生可能エネルギーの推進を通じて脱炭素化を目指すものとは大きく異なっていたことを明らかにする。

　そうした状況の中で菅首相による2050年に脱炭素化を実現することが宣言されたことを踏まえて、グリーン成長戦略やGX実現に向けた基本方針が策定された。しかし、これらの方策は、脱炭素化に向けた手段としてカーボンプライシング措置を活用して市場メカニズムによるイノベーションの推進を図るというものではなかったことを明らかにする。

---

94. オズワルド・シュミッツ著・日浦勉訳『人新世の科学―ニュー・エコロジーがひらく地平―』、2022年参照。

その上で、食料システムのグリーン化の観点から、みどり戦略について検討する。みどり戦略は、化学肥料・農薬の使用量の削減を通じて有機農業が全農地の4分の1の面積で実施されるという数値目標を掲げているが、そのために農業者はどのような手段を講じることによって実現するのか、その場合、農業者の有機農業への取組に行動変容が起こることが前提となるが、それはどのようなメカニズムが機能して達成するのかといった道筋が示されていない。

そもそも農業関係者は、生産性向上と収益性の改善の観点から化石エネルギーを多投する技術体系に習熟している。したがって、脱炭素に貢献するために化石エネルギーに依存する技術体系から例えば再生可能エネルギーに依存する技術体系へ転換するとしても、それがどのようなものであり、その使用が収益性にどのように貢献するのかが示される必要がある。しかしながら、それらが示されていない現状では、都市部に比べ適地の多い農村部での再生可能エネルギーへの積極的な取組への関心は、残念ながら高くない。そうしたことも一因となって、日本の電力消費量に占める自然エネルギーの割合は2022年で22.0%（そのうち風力＋太陽光が11%）と、デンマークが84.5%（同61%）、ドイツ43.5%（同33%）、イギリスが41.5%（同21%）に比べて、今後の普及拡大の中心である風力＋太陽光の比率が一段と低い水準となっている[95]。

つまり、消費者の行動変容のみならず生産者の行動変容を促すには、市場メカニズムが機能するよう、炭素の見える化などの措置を前提とする技術体系を用意するべきなのである。しかし、みどり戦略にはそういった視点がないなどの問題があることを指摘した上で、食料システムのグリーン化のために講ずるべき方策を提案することとしたい。

---

95. Emberの以下のデータによる。なお、Emberとは、データに基づく洞察力で世界をクリーンな電力にシフトさせることを目指す、独立・非営利のエネルギー・シンクタンクで、2008年に英国を拠点に創設された。
https://ember-climate.org/data/data-tools/data-explorer/?
Electricity Data Explorer ¦ Open Source Global Electricity Data ember-climate.org

2. 脱炭素化に政府が介入する理由

　人が必要とする財やサービスは、市場メカニズムによって供給されることが基本というのが経済学の考え方である。しかし、市場メカニズムで解決できない場合が存在する。その場合には、政府が介入して解決策を講ずることが正当化される。特に、政府の介入の仕方が「強制（規制）」という手段の場合には、その政府が国（中央政府）であれば「法律」、自治体（地方政府）であれば「条例」、複数の国家（国際機関）であれば「条約」、という「規範」によって行われるのが普通である。

　一般論として見ると、市場経済において、市場メカニズムが機能しない場合（例えば市場の失敗）に、中央政府や地方政府（自治体）といった「公共部門」の果たす基本的な役割としては、次のものがある。環境問題を検討する際に、必要最低限の知識として踏まえておこう。

第一に土地と労働という生産要素についてである。

　市場において　需要が増加すれば価格が上昇し、それに基づき生産が拡大し、供給量が増加していくことを通じて需要と供給が調整される。しかし、土地・労働はその価格（土地：地代（リース料）・労働：賃金）が上昇したからといって生産量が直ちに増えるわけではない。需要と供給の調整には長い時間と社会的なコストがかかる場合が一般的である。このため、政府が介入（関与）して調整を行うことが必要とされる。

第二に市場の失敗のケースである。

　市場の失敗とは、社会として必要だが、市場メカニズムによっては供給ができない場合や、供給ができても不十分な供給となる財・サービスの提供をさす。該当する類型としては、公共財、外部効果、自然独占、情報の非対称性（モラル・ハザード、逆選択）がある。

　まず公共財は、それを消費する場合、第三者を排除することができない（排除不可能性）ものや、第三者と競合しない（非競合性）場合が起こる。例えば、家庭ごみの収集ではタダで収集してもらうのが一般的だが、そのコストは地域住民が税金という形で負担している。これは、仮にごみの収集業者が個別にごみ収集の契約を結ぶとすると、未契約者の違法なごみ捨てを監視する必要があるが、多数の未契約者が出れば膨大なコストになって監視そのものが不可能となる。そうなればだれもごみ収集のサービスを行わなくなり、そこら中にゴミの山ができることになる。一方で、ごみ収集の業務はごみ排出者にとっては必要不可欠のサービスであることから、市場メカニズムによらず税金による負担によってごみ収集業務が継続できるようにするものである。

　次に外部効果についてである。その効果がプラスの場合には外部経済効果という。例えば「田んぼダム」（農業の多面的機能の一つ）は、田んぼの畦畔を一定程度高くし、大雨の際の河川への急激な水の流入による洪水を回避するため、一定時間水田において雨水をためて徐々に川に流していく機能を果たしている。また、マイナスの効果の場合には外部不経済効果といい、例えば公害、地球温暖化、食品ロス・廃棄物などが該当する。

　また、自然独占とは、例えばアマゾンを始めとするGAFAMのような巨大なネットワーク型事業者の存在によって市場が不完全競争状態となり、公正な価格形成が行われなくなることが該当する。「第1章　食料システムとは何か」でも説明した「食品流通分野におけるチャネル・キャプテンの存在」がそれに該当する。

　最後の情報の非対称性とは、依頼人（プリンシパル）・代理人（エージェント）関係[96]において依頼人が知り得ない情報を代理人が持っているということをさす。例えば保険契約で見ると、被保険者（エージェント）がリスクの高い者であるかどうかといったことは保険会社（プリンシパル）はあまり知らなくて、被保険

---

96. プリンシパル・エージェントの関係としては。依頼人と弁護士、株主と経営者、銀行と借入企業、地主と小作人、政府と納税者、有権者と政治家などをさす。

者の方が知っている場合がある。そのような場合にはリスクの異なる別の被保険者に対しても同一の保険料を適用しなければならなくなる。そうなると保険の存在が、損害に伴う経済的負担を回避できるという事実によって被保険者の損害回避行動を阻害する現象（モラル・ハザード）が起こる。また、リスクの低い人は保険料の支払いを回避するために保険に加入しない行動をとり、リスクの高い人は保険に加入する行動をとる現象（逆選択）が起きる。いずれの場合も保険会社の経営は赤字化する。逆選択の別のケースとしてクリーム・スキミング[97]がある。例えば大手の保険業者が保険料率を一定にしている場合に、新規参入の保険業者が事故を起こしにくい優良な顧客を確保するために優良顧客には良い条件を示し、事故が多くなるような顧客には劣った条件となる料金体系を設定して、大手業者の契約者から優良顧客を引き抜く行動をとる。その結果、大手の業者の顧客のなかは事故の多い顧客の割合が増えていくことになって、大手の業者の経営を赤字化する。この場合、新規参入の保険業者の行動を、市場を「いいとこ取り」するクリーム・スキミングという。

　また、所得と分配の是正についてである。人は、大人か子どもか、健常者かハンディを負っているか、教育を十分に受けているか受けられなかったかといった条件の違いによって、その能力・経験における差があるのが普通である。そのような差を無視して市場における自由競争の場にさらされれば、結果的に所得や資産の面で不平等を生じさせてしまう可能性が大きい。市場メカニズムそのものには不平等を是正するよりも拡大する方向に作用すると言われている。

　したがって、そのような格差・不平等を是正し、格差・不平等に伴う社会的費用を減らすことが求められることになる。つまり、所得や資産の格差を改善する

---

97. クリーム・スキミングとは、牛乳から美味しいクリーム部分だけをすくい取ってしまうことから生まれた言葉。公益事業の分野に規制緩和を名目にして私企業の自由な参入を許すと、利益の上がるところだけで営業し公営事業の経営が破綻することをさす。「いいとこ取り」と言われる。酪農の分野において、JA系統に出荷する生産者は費用負担をして脱脂粉乳の消費拡大に努める一方で、系統外に出荷する生産者にはその負担はなく、需給改善による恩恵は受けられるという「クリーム・スキミング」が起こっていることから、畜産経営安定法の改正による負担の公平化の声が上がっている（日本農業新聞2023年12月5日2面『論点』）。

という所得再分配政策の登場である。例えば、農産物価格の過度の変動に伴う農業者の他産業従事者に対する不利の補正のための措置が該当する。その場合の具体的措置としては、「輸入制限措置＋価格支持政策＋生産調整策」のようなことも考えられるが、これらの政策は、市場に直接的に介入して価格をゆがめることになっている。このような政策は市場メカニズム自体を歪めるという意味で好ましくないと考えられることから、市場メカニズムを歪める要素が小さい中で所得の改善を実現する「直接支払い」の導入が求められるようになってきている。

　さらに、経済の安定的な成長を実現するために政府が講じる政策がある。政府が財政金融政策を講じることによって、マクロ経済の安定・成長を図ることが該当する。

　環境問題は、市場の失敗のケースのうちの外部効果に該当するもので、市場メカニズムでは解決できないケースに該当する。例えば、ある事業者が経済活動（化石燃料を使ってモノを生産・販売）した結果、大気中に放出された二酸化炭素の増加によって、気温上昇が起こり、これが海面上昇を招き、沿岸域の住民が水害にあうという関係が成立する。こうした損害は、その事業者と取引関係にない第三者に直接発生することが一般的である。上記の損害は、市場での取引を通じて発生していないので、「外部効果（この場合は外部不経済効果）」と呼ぶのである。

　ここで取り上げるメインテーマは地球温暖化である。政治的・経済的・社会的分野における最重要課題の一つであり、典型的な国家間で協力して取り組まなければ解決できない問題である。また、二酸化炭素の人為的な発生がその原因であり、その原因はまさにエネルギー政策の在り方に左右されることから、その解決にはエネルギー政策の在り方が関係することになる。

　にもかかわらず、食料・農業・農村基本法の見直しにおいて、世界的に喫緊の課題となっている地球温暖化とエネルギー問題に関して、農業が自然を相手にする産業であるにもかかわらず、危機認識が非常に甘い。それが、「みどりの

戦略」を掲げながら、その内容が貧弱に見える背景の一つになっている。改めてこの間の経緯と問題点について見ておこう。

3. 日本の温暖化対策とエネルギー政策

(1) 戦後復興を経て高度経済成長期以降のエネルギー政策

戦後、経済復興が新たな国家目標となり、国内に存在した石炭を集中的に鉄鋼増産などに使う「傾斜生産方式」を導入した。重工業を中心に復興が推進されたが、これは1949年中華人民共和国の成立などによって米国の対日占領政策が転換したことを反映している。その後、石炭から石油へと急速に移行（1960年代「流体革命」）し、高度経済成長を実現した。その一方、公害問題（イタイイタイ病、熊本水俣病、四日市ぜんそく、新潟水俣病など）が深刻化し、これを受けて1971年には環境庁が設置された。その後、1970年代に2度にわたる石油危機が世界を襲った。それに対応する方策として、省エネの推進、新エネルギーの研究開発、脱石油の観点から「準国産エネルギー」として原子力発電へのシフトが推進された。

その後、日本経済は円とドルの為替相場が固定制から変動制へ移行すると、石油危機を契機にエネルギー価格の高騰などによって、高度経済成長から安定経済成長に移行した。その結果、日本経済の構造が、鉄鋼をはじめとするエネルギー多消費型の素材産業から自動車産業などへの転換が図られた。80年代には急速な円高により製造業の生産拠点の海外立地が進展するとともに、省エネ型技術革新の導入が図られたことから、電力消費量が頭打ちの状況になった。

本格的な原発による電力供給は、電力需要の伸び悩みの時期から始まった。その一方で、全国で原発立地に伴う事故が多発すると、電力会社によるその事故隠しが行われ、原発に対する反対運動も高まり、原発立地が難しくなって

いく。装置産業である原発の利害関係者（重電機メーカー、電力企業、電力労組、政治家、官僚など）にとっては、事業の維持・拡大が死活的に重要な課題であり、原発の着実な建設を強く志向していった。

　そのための手段として、「地域独占」（発電・送電・配電を独占）と「総括原価方式」（電力料金の算定方式。コストを積み上げ、利潤を上乗せした水準に価格を設定すること）による利益の確保、潤沢な宣伝費を使って行うマスコミ対策、潤沢な研究費を寄付して研究者による原発推進の論陣の展開、電源三法（電源開発促進税法、電源開発促進対策特別会計法、発電用施設周辺地域整備法）交付金を立地自治体に投入し原発依存体質を形成することとなった。こうした対応によって反対運動を沈静化させた。

　2009年の自民党政権から民主党政権への交代、2012年の民主党政権から自民党政権への再交代は原発政策にどのような影響を与えたのか？

　福島原発事故（2011年）を契機として、民主党政権において「脱原発」と「電力システム改革」（電力の広域的運営、電力の小売り全面自由化、発送電分離）が志向された。

　しかし、2012年12月の第二次安倍政権の登場によってエネルギー政策の方向は一変する。安倍政権においても原発依存を低下させる方針であったとは言うものの、原発を促進しようとする観点から原発を「ベースロード電源」と位置付け、原発再稼働を推進する立場をとった。その際、脱原発という国民的共感の政策から原発再稼働への転換に当たり、従来は自民党が反対していた「電力システム改革」については国民的支持を得る観点からこれを「錦の御旗」に掲げることになった。なお、「電力システム改革」は、価格統制のもとで存続し得る原発の競争力が基本的になくなることであり、特に民間企業が原発への投資を行う誘因がなくなることを意味するものであった。

日本で原発を推進する論拠は、次の3点であるが、いずれも論拠としては破綻しているものである。

1）潜在的核武装論

日本の独立のためには軍事力を確保することが何よりも重要であり、全ての産業能力は潜在的軍事力であるという総力戦思想を踏襲した「その気になればいつでも核武装できる状態に日本をしておく」という「潜在的核武装」路線は、岸信介元首相が唱えたものである。潜在的核武装論とは、核燃料の再処理によるプルトニウムの抽出、増殖炉の建設はいずれも原爆製造に直結する機微技術であり、たとえ直接の目的が民生用原子炉による使用済み核燃料からプルトニウムを抽出しそれを使って発電する増殖炉を建設することであったとしても、核武装に向けての潜在的能力を高めることになるという考えである。

こうした潜在的核武装論の系譜には、読売新聞元社主の正力松太郎氏、中曽根康弘元首相などがいる。こうした考え方があったればこそ、技術的にも極めて困難で超多額の経費を要する核燃料の再処理と増殖炉建設に固執し続けてきたのであり、政治の世界において原子力開発が推進されてきた背景と言われている。しかし、人口が稠密で原子力施設が海岸に近いところに林立している状況を踏まえると、通常兵器による攻撃で容易に破壊可能であること、サイバーテロのリスクも高まっていること、それらへの防護対策は遅れていることからすると、軍事論としてはもはや意味のあるものとはなり得ない。

2）エネルギー安全保障論:

石油危機以降、特に原発が唱えられたのは、「核燃料サイクル」から生じるプルトニウムを準国産と位置付け、エネルギー自給率が向上するからという考えである。

しかし、核燃料サイクルが確立するには、ウラン燃料を原子力発電所（軽水炉）で発電を行い、その使用済み核燃料（高レベル放射性廃棄物）を中間貯蔵施設で保管し、この廃棄物から再処理工場でウラン・プルトニウムだけを抽出し、それを高速増殖炉用燃料（ウラン・プルトニウム混合燃料：プルサーマル）として製造し、これを原子力

---

98. 山本義隆『近代日本一五〇年』、2018年、「第7章 原子力開発をめぐって」参照。

発電所（高速増殖炉）で発電を行い、その使用済み燃料（高レベル放射性廃棄物）を再度、高速増殖炉用再処理工場でウラン・プルトニウムだけを抽出する。こうしたことを通じて核燃料を回していくものである。

　この再処理を行うとプルトニウムとウランを取り出した後に、その他の強い放射能を持つ放射性物質を含んだ液体が残る。この液体をガラスと混ぜて、ステンレス製の容器（キャニスター）の中で固める。これをガラス固化体といい、これも高レベル放射性廃棄物という。日本ではこのガラス固化体を最終処分として地下300メートル以上の地層に埋設すること（深地層処分）としている。

　以上の核燃料サイクルが成立するためには、再処理工場と高速増殖炉の存在が必要不可欠であるが、日本ではその両方がいまだ施設として完成していない（図・表16）。したがって、核燃料サイクル自体が実現の可能性がない中では、エネルギー自

図・表16 核燃料サイクルの概念図

経済産業省資料

給率向上の前提条件が存在していない。なお、高速増殖炉は一般の軽水炉に比べリスクが高く経済合理性もないものであることから、電力会社も採用することはないといわれているものである。

3）原発の発電単価は他の電源に比べ安価であるとの経済論：

　福島原発事故以降の世界における再生可能エネルギー発電（太陽光、風力）のコストは、技術革新により劇的低下がみられる一方で、原発の現実のコストは安全対策費用の増加、廃炉などのバックエンドの費用など原発に係るすべてのコストを内部化して評価すべきとの批判がなされている。こうした前提で他の電源と比較しないと適切な判断はできないからである。

　なお、今や原発コストは、経済産業省の資料（図・表17）においても、再生可能エネルギーと比べ割高である可能性が大きいと指摘されている。

図・表17　2030年の電源別発電コスト資産の結果概要

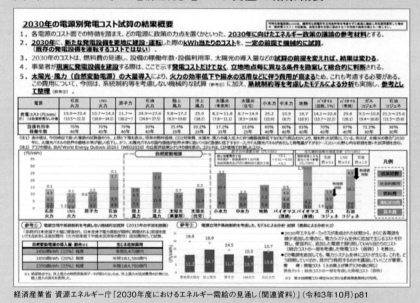

経済産業省 資源エネルギー庁「2030年度におけるエネルギー需給の見通し（関連資料）」（令和3年10月）p81

（2）日本の地球温暖化対策とエネルギー政策の在り方

　日本の温室効果ガスの排出量は、外部要因で推移しているが、日本で最も多く排出しているのは、電力部門と産業部門である。

　日本の地球温暖化対策とエネルギー政策の在り方については、第1段階は京

都議定書採択の舞台とかなり早いスタートを切った。2005年に京都議定書が発効したことを踏まえ、「温暖化対策推進法」を制定したが、「炭素税」の導入は、環境大臣が強く主張したものの経済産業省及び経済界からの強い反対によって導入されることはなかった。

　第2段階は、2013年以降の揺れ動いた日本の温暖化対策である。2009年のCOP15（デンマーク・コペンハーゲン）で、日本の民主党政権は「2020年25％削減目標（1990年比）」を公表し、日本は国際交渉のリーダーとしての役割を果たそうとした。しかし、会議は途上国との対立が解けず合意に至らなかった。当時国内では、長期的な温暖化の目標として2050年の80％削減を明示し、排出量取引制度、炭素税などの導入をうたった基本法案が検討された。しかし、2011年3月の福島原発事故による政局の混乱の中で成立することなく、2012年11月に廃案となった。

　一方で、福島第一原発事故を契機にエネルギーに関する国民的議論が沸き起こった。そうした中で、2030年のエネルギー政策における原発利用比率を、「0％」「15％」「20～25％」の3つの選択肢を国民に提示し、国民的関心を呼ぶことになった。しかし、温暖化対策の議論は低調であった。それから1年後に、「2030年代に原発稼働ゼロを可能とするように、あらゆる政策資源を投入する」という方針が発表された。これは、原発の新設や増設は行わず、いずれゼロにするという方向性を示したもの（アンダーラインは筆者が挿入。以下同じ。）であった。

（3）パリ協定に向けた日本の地球温暖化対策の在り方

　2012年12月に安倍政権が登場したことにより、民主党政権時のエネルギー戦略を一から見直すことが経済産業省に指示されるとともに、国連に提出されていた2020年25％削減という日本の目標も見直すように環境省に指示された。その結果として出てきた日本の新たな2020年目標である3.8％削減（2005年比）は、京都議定書の基準年である1990年比で3.1％増の目標であり、第1約束期間の

6％削減を帳消しにした上で、2020年までに排出量をさらに増やすという目標であった。EUや島国連合から「日本の新目標に対して遺憾の意を表明し、この目標が国際交渉に悪影響を及ぼすことを懸念する」との声明が示された。

　日本の2030年の温室効果ガスの削減目標については、前政権のエネルギー政策を一から見直すこととし、2014年1月から経済産業省で検討が開始された。2015年7月に、原発を再び主要なエネルギー源と位置付けた2030年に向けた「長期エネルギー需給見通し」を発表し、2030年には原発を再び20〜22％程度活用するという内容とした。この割合は、現在ある原発を通常の耐用年数の40年を超えて使い続けるか、新しい原発を作らなければ達成できないことを意味していた。

　再生可能エネルギーの利用は、22〜24％程度と位置付けられた。これは、現

図・表18　第6次エネルギー基本計画の概要（2030年度の発電量・電源構成）

［億kWh］	発電電力量	電源構成
石油等	190	2%
石炭	1,780	19%
LNG	1,870	20%
原子力	1,880〜2,060	20〜22%
再エネ	3,360〜3,530	36〜38%
水素・アンモニア	90	1%
合計	9,340	100%

※ 数値は概数であり、合計は四捨五入の関係で一致しない場合がある

［億kWh］	発電電力量	電源構成
太陽光	1,290〜1,460	14%〜16%
風力	510	5%
地熱	110	1%
水力	980	11%
バイオマス	470	5%

※ 数値は概数。
図・表17と同資料p73

状が水力を入れて12%であることから、これから15年の間に10%程度増加することを意味する。一方、二酸化炭素を排出する化石燃料の中でも最も排出の多い石炭を2030年において26%の高さを維持することとしていた。省エネルギーは、2013年より約10%減とし、日本は2030年の温室効果ガスの削減目標26%削減（2013年比）を国連に提出した。EU（1990年比−40%）、米国（同約−27%）の目標が「中程度」の評価であったのに対し、日本の目標（同−18%）は「低い」と評価された。

　その後、2050年カーボンニュートラル（2020年10月表明）、2030年度の46%削減、更に50%の高みを目指して挑戦を続け、新たな削減目標（2021年4月表明）の実現に向けて2030年度を目標とする第6次基本計画が示された。その計画では、石炭の構成比は26%から19%へ、化石エネルギーでは56%から41%へと削減される一方で、再生可能エネルギーでは22～24%から36～38%へと増加している。なお、原子力は、20～22%を維持している（図・表18）。

（4）日本の地球温暖化対策の行方

　菅義偉首相は、2020年10月26日、首相就任後の初の所信表明演説で、2050年の日本の温室果ガス排出量を実質ゼロにする目標を表明した。これは、望ましい方向性を示したものであると国際的にも歓迎された。現状の延長線上では2050年の実質ゼロの実現はきわめて困難であることから、この目標の実現には経済社会の在り方・産業の在り方を根本から見直していく必要がある。日本よりも先に2050年実質ゼロ排出の目標を掲げ、着実に政策を構想し、そのための財源の手当てまで次々と決定しているEUの動向は大いに参考になる[99]。

　いずれにしても、菅首相が表明したこの脱炭素の方針は、それまで脱炭素目

---

99. この「（4）日本の地球温暖化対策の行方」のパラは、諸富徹京大教授の論考（「『グリーンディール』から『緑の産業政策』へ─気候中立を目指す欧州の気候変動政策─」衆議院調査局『論究』第17号、2020年、「『グリーン成長戦略』に何が足りないのか」（2021年））を参照。

標を掲げることに反発していた経団連など産業界からも表立った反発はみられなかった。むしろ、2050年かそれよりも早く自社の事業を脱炭素化することを宣言する企業が相次いでいた。すなわち脱炭素化をめぐる雰囲気は一挙に変わったといえる。そのきっかけとなった菅首相の宣言は、絶妙のタイミングであったといえる。中国は2060年の脱炭素化を表明し、アメリカでバイデン政権が成立する直前の時期であり、国内で「脱炭素化やむなし」という空気が醸成された時期であったのである。

　これまでの脱炭素化を受け入れるか否かの論点は、どのように脱炭素化するのかという論点へと変化したのである。表面的には脱炭素化を受け入れた産業界やその周辺の勢力は、脱炭素化をめぐる国際的な仕組みづくりや議論が欧州主導で進められていることから、水面下で欧州の陰謀論、化石燃料悪者論への恨み節がささやかれていた。また、脱炭素化の実現にあたって産業界は、まだ確立したとは言えない「炭素回収・貯留（carbon capture & storage: CCS）」技術や「炭素回収・有効利用・貯留（carbon capture, utilization & storage: CCUS）」技術へ過大な期待を寄せていた。

　しかし、このような日本の産業界等の認識は、21世紀の経済が脱炭素経済の獲得をめぐる国際競争となることを完全に見誤っていたことを意味している。今後とも各国・各企業は真剣に脱炭素化を目指している一方で、日本がいつまでも半信半疑で脱炭素を掲げていれば、脱炭素経済圏から脱落し経済成長で劣後していくおそれは大である。

1) グリーン成長戦略の作成の経緯

　菅政権誕生後の2020年12月に発表したグリーン成長戦略（以下「戦略」）以前の経済産業省は、国内での脱炭素化に否定的であった[100]。つまり、経済産業

---

100. 「2050年80%削減は、現状及び近い将来に導入が見通せる技術をすべて導入したとしても、農林水産業と2～3の産業しか許容されない水準。これまでの国内、業種内、既存技術で地球温暖化問題に立ち向かうには限界」（「長期地球温暖化プラットフォーム報告書」2017年4月）

省は菅首相の脱炭素宣言から、わずか2カ月で体系的な戦略を仕上げたことになる。

　戦略（図・表19）は、第1節「2050年カーボンニュートラルに伴うグリーン成長戦略」でカーボンニュートラル化が経済成長をもたらし得ること、それを実現するために戦略を推進する必要があること、第2節「グリーン成長の枠組み」でカーボンニュートラルを実現するには、①研究開発⇒②実証⇒③導入拡大⇒④自立商用化という各段階を踏むこと、そのために予算、税制、金融、規制改革・標準化、そして国際連携の各局面で政策を実行していくこと、第3節「分野横断的な主要な政策ツール」で各局面で既にとられている政策、これから取られるべき政策を説明すること、第4節「重要分野における『実行計画』」で14の産業分野における脱炭素化に向けた具体的な技術とそれを産業化するにあたっての工程表を提示し、その内容は相当踏み込んだ産業政策上の課題が具体的かつ前向きに示され、意義ある一歩が踏み出されたと評価されている。

　他方で、

① この戦略は脱炭素に寄与する技術のウィッシュ・リスト（願望のリスト）であり、脱炭素化が本当に担保されるのか定量的な評価がなされていない。また、個別技術の費用対効果の分析がなされておらず、1トンのCO_2削減をより安価に実現する技術から優先的に導入すべきなのに戦略ではすべてが並列的に記されているだけである。

② 「実行計画」が実施された場合の社会経済的インパクト（経済成長率や雇用、所得分配への影響）が示されていない。この点は、EUでもアメリカでも、体系的な気候変動政策を打ち出す場合必ず議会／政府／研究機関・シンクタンク等による政策の社会経済的インパクトに関する定量評価結果が参考資料として添付されているのである。つまり「成長戦略」とは、一方でそれがもたらすコスト、他方でその経済効果が示され、後者が前者を上回って経済全体を成長に導くことが必要なのである。

③ 以上のことに加え、戦略はきわめて技術偏重である。制度的・政策的・市

場的側面に関する内容がきわめて希薄であることだ。イノベーション論の元祖である経済学者のシュンペーターは、イノベーションを技術に限定したわけではなく、イノベーションは市場、制度、組織においてこそ全面的に推進されるべきことを示している。つまり、技術はそれが生み出されたからといって社会的に実装されるわけではなく、市場で受け入れられ、制度・組織によって使いこなされてこそ、普及されるものである。

図・表19　2050年カーボンニュートラルに伴うグリーン成長戦略
（令和2年12月）（抜粋）

農林水産省「みどりの食料システム戦略参考資料」スライド28

2）グリーン成長戦略を支える政策手段は何か

　グリーン戦略に対する根本的な疑問は、14の重要分野が選ばれた理由が不明である一方、石炭火力発電や鉄鋼をはじめとする素材産業（＝CO_2大量排出業種）への言及がないことである。カーボンニュートラルに向かう以上、CO_2を

大量に出している発電、産業、運輸部門に対する手当てをどのように措置していくのかは最優先に議論する必要がある。

電力産業、鉄鋼をはじめとする素材産業、自動車産業などの大量排出部門について、CO_2排出の抑制の在り方、これらの部門の成長の促進策を示すことは戦略として当然のことである。

EUのグリーンディールでは、脱炭素化された時代の産業の姿を具体的に描くとともに、そこに至る道筋とその移行が円滑にいくようにするための政策手段について議論を始めている。

欧州の産業部門は、2017年時点でEU総排出量の約20%を排出し、脱炭素化を図るうえでCO_2大量排出業種の鉄鋼、化学、セメントなどの素材産業の脱炭素化が決定的に重要だという認識の下、これまできわめて困難とされてきたこれらの業種の脱炭素化に踏み込むことを目標として掲げている。

例示として、スウェーデンの鉄鋼産業を取り上げ、水素還元法の採用をはじめとする製鉄プロセスの根本的な変革を進めることとして、2030年代半ばに実証炉、2045年に商用炉を実現し、2050年までに「脱炭素化された製鉄」の実現を掲げている。しかし、その実現には莫大な投資コストがかかること、それを最終製品に上乗せすればその価格が大きく上昇することから、欧州の素材産業の競争力低下は必至であること、さらに炭素税、EU ETS（排出量取引制度）などカーボンプライシングという政策手段により想定される価格水準をはるかに超えるコストが、素材産業の脱炭素化によるコストに上乗せされてしまうという問題があると指摘している。

それに対応する方策として、生産プロセスを完全に脱炭素化することと引き換えに、素材産業に対して下記3つの政策手段を用いて様々な支援措置を行うことを議論した。

— 産業の脱炭素化を実現する生産設備の建設に対する投資補助金

— 新しいインフラ建設や既存設備の現代化に対するグリーン公共調達、インフラ建設にあたって必要となる鉄鋼、セメント、化学製品などを公共調達する

際は、入札にあたってその製造過程が気候中立的となっているものを競争入札において優先させる措置

— 炭素差額決済（Carbon Contracts for Difference: CCfDs）：鉄鋼、セメント、ポリマーなど基礎素材のうち、低炭素もしくは気候中立的なものは、汎用品よりも著しく高価なため、その費用差を何らかの形で穴埋めする「炭素差額決済：Contracts for Difference: CCfDs」

　以上の措置をとっても欧州の素材産業の国際競争力が揺らぐ恐れのある場合、「炭素国境調整メカニズム」の導入を検討し、欧州と同等の温暖化対策を実行していない国々からの製品輸入に対して、EUの国境で関税と同様の形で炭素税を課すというアイディアである。日本で関心の高まっている炭素国境調整メカニズムであるが、EUの場合はあくまでも「素材産業の脱炭素化」と引き換えに、彼らの国際競争力を守るために導入される措置であり、しかも最後の手段とされている。

　このようなEUのグリーンディールに対して、日本のグリーン成長戦略は戦略の名に値しないのではないかということがはっきりする。2050年脱炭素を達成するためには抜本的な見直しが必要になってくると思われる。

3）グリーントランスフォーメーション（GX）実現に向けた基本方針

　次に、2023（令和5）年2月に決定された「GX実現に向けた基本方針」を検討したい。

　この基本方針（図・表20）については、産業革命以来の化石エネルギー中心の産業構造・社会構造をクリーンエネルギー中心へ転換するグリーントランスフォーメーション（GX）は、戦後における産業・エネルギー政策の大転換を意味するものであり、GXを加速することでエネルギーの安定供給と脱炭素分野で新たな需要・市場を創出して、日本経済の産業競争力の強化と停滞している現在の経済を成長につなげていくものと位置付けている。

　こうした背景の下、まずエネルギー安定供給の確保を大前提としたGXの取

組は、

— 徹底した省エネの推進として、複数年の投資計画に対応できる省エネ補助
　金を創設するなど、中小企業の省エネ支援を強化すること

— 再エネの主力電源化として、2030年度の再エネ比率36〜38%に向け、全
　国規模でのマスタープランに基づき、今後10年間程度で過去10年の8倍以
　上の規模で系統整備を加速し、2030年度を目指して北海道からの海底直
　流送電を整備すること

— 原子力の活用として、廃炉を決定した原発の敷地内での次世代革新炉へ
　の建て替えを具体化すること、40年＋20年の運転期間制限を設けた上で、
　一定の停止期間に限り、追加的延長を認めること

— その他の重要事項として、水素・アンモニアの生産・供給網の構築に向け、既
　存燃料との価格差に着目した支援制度を導入する

などを掲げている。

　次に「成長志向型カーボンプライシング構想」等の実現・実行として

— GX経済移行債を活用した先行投資支援

— 成長志向型カーボンプライシング（CP）によるGX投資インセンティブ

— 新たな金融手法の活用

— 国際戦略・公正な移行・中小企業等のGX

等を掲げている。

　さらに、進捗評価と必要な見直しとして、GX投資の進捗状況、グローバルな
動向や経済への影響なども踏まえて、「GX実行会議」等において進捗評価を
定期的に実施し、必要な見直しを効果的に行っていくこととしている。

　これらの内容の検討の前に、このGX基本方針の決定過程に対する問題点
が指摘[101]されているので、これを取り上げる。この基本方針を決定したGX実行

---

101. 自然エネルギー財団「GX基本方針は二つの危機への日本の対応を誤る―なぜ原子力に固執し、化石燃料への依存
　　を続けるのか―」2022年12月27日発表。

会議は、総理大臣と関係大臣以外は、経済団体や既存のエネルギー産業などの代表者を主要なメンバーとしており、会議そのものは一貫して非公開で行われ、資料だけが事後的に公表されてきた。そして、会議での決定後に公表されたが、政策決定プロセスの不透明性は、議論への国民的参加が不十分と批判された過去のエネルギー基本計画の策定過程と比較しても著しいものであるとされる。

　このように政策決定過程の不透明性に加えて次のような問題点が指摘されている。

　GX基本方針の内容が脱炭素に向けて徹底した省エネルギーを推進すること、再生可能エネルギーを主力電源化に位置付けることなどの一方で、原子力発電所については、東京電力福島第一原子力発電所の事故以来、政府が堅持してきた「可能な限り原発依存度を低減する」という原則を放棄し、既存の原発の運転期間の実質的延長を図り、次世代革新炉の開発・建設という形で原子炉の新増設に道を開くこととし、原子力復権を明らかにしている。その前提には、原子力発電がエネルギーの安定供給とカーボンニュートラル実現の両立に重要な役割を果たすという認識があるが、この認識は世界と日本とでずれがある。

　まず原発の運転期間については、慎重な検討がなされないまま、原則40年最長60年の運転ルールを放棄し、停止期間を除外して60年を超える稼働を可能とする方針が示された。次に開発・建設に取り組むとする「次世代革新炉」は、既にフランス、英国などで着工されているものであり、何ら革新的なものではない。加えてフランスも英国も着工したものの現在でも稼働できていない状況にある。建設コストも当初予定を大幅に上回っている。いずれにしても、再稼働に必要な対策には膨大なコストがかかるうえ、稼働までに厳正な審査が必要とされている。

　次に、基本方針では化石燃料への過度な依存からの脱却を掲げながら、CCS火力発電や石炭との混焼を前提とするアンモニア発電を推進する政策を変えていないことが問題である。政府のエネルギー戦略では、2050年時点において、毎年3億トン以上のCO_2の回収・貯留が必要になるとされ、仮に回収ができたとしても、国内には大量のCO_2を貯留する場所はどこにもないのではないか。

また、政府が排出するCO$_2$の貯留を東南アジアなど他国に押し付ける方針を示しているが、国際的理解が得られるものだろうか。

このように化石燃料利用への執着を示すというエネルギー政策の大転換を行おうとするものであることから、自然エネルギー開発を加速することへの決意が欠落していると言わざるを得ない。確かに「再生可能エネルギーの主力電源化」は標榜しているものの、2030年度の電源割合は、現行の「エネルギー基本計画」で定めた36－38%という目標から一歩も出ていない。こうした自然エネルギーの立ち遅れが日本のエネルギー安定供給、気候危機への対応にとって由々しき事態をもたらすことになることに全く理解をしていない。

さらに、カーボンプライシング構想もあまりに消極的なものである。その構想は、

図・表20　GX実現に向けた基本方針の概要

経済産業省資料

これから10年以上、自主的な排出量取引制度を続け、2033年度から発電部門だけを対象に「有償オークション」を段階的に開始するというものである。日本政府は、2000年以降、20年以上にわたって排出量取引制度の検討のみを実施してきたが、欧州、米国とカナダの諸州、中国、韓国等が導入を実現している。また、2028年度から導入するとした「炭素に対する課徴金」も、その炭素価格水準は、IEAが2030年時点で先進国に求められるとした1㌧130㌦という水準の10分の1程度であり、脱炭素社会への基本ツールであるカーボンプライシングの導入にあまりにも消極的姿勢である。

4. 食料システムのグリーン化とそれを担保する カーボンプライシング措置の導入

今後の日本のエネルギー政策を規定する二つの戦略について検討してきた。2050年脱炭素目標については、EUのグリーンディールでは具体的な政策の費用対効果をはじめとする政策評価を行うことが可能であり、政策の効果を評価しながら目標の実現に照らして見直しを行っていくことが可能な政策評価サイクル（PDCAサイクル）がビルトインされている。これと比較して考えると、日本は実現可能性が低いものではないかと考えられる。とりわけ、カーボンプライシングの活用については、日本の姿勢（特に経済産業省や経済団体）があまりにも消極的であることから問題解決を難しくしているように感じる。

食料システムについてもグリーン化を目指す必要があるのは言うまでもない。食料・農業・農村政策の関係では、みどり戦略が2050年脱炭素を前提に策定されたものであることからこの内容を検討することから始めよう。

みどり戦略（図・表21）は農林水産省が2021年5月29日に策定したもので、2050年までに二酸化炭素（CO_2）排出量を実質ゼロにする政府の「脱炭素社会」目標を踏まえ、農業の環境負荷の軽減と生産力向上の両立を目指し、2040年までに革新的技術を開発し、補助金などを講じて、生産現場に普及する方針である。

2050年までに目指す姿として、

① 化学農薬の使用量（リスク換算）を50%低減、

② 輸入原料や化石燃料を原料とした化学肥料の使用量を30%低減、

③ 耕地面積に占める有機農業の取組面積の割合を25%（100万ヘクタール）に拡大

するなどを明記している。それを前提に、戦略的な取組方向としては、2040年までに革新的な技術・生産体系を順次開発（技術開発目標）し、2050年までに革新的な技術・生産体系の開発を踏まえ、今後、「政策手法のグリーン化[102]」を推進し、その社会実装を実現（社会実装目標）することとしている。

その結果、期待される効果としては、経済面では持続的な産業基盤の構築として、輸入から国内生産への転換（肥料・飼料・原料調達）など、社会面では国民の豊かな食生活、地域の雇用・所得増大として、生産者消費者が連携した健康的な日本型食生活の実現など、環境面では将来にわたり安心して暮らせる地球環境の承継として、環境と調和した食料・農林水産業の実現を目指すこととしている。

このみどり戦略に対するコメント[103]は、次のとおりである。

まず、脱炭素と生産力向上とのトレードオフの解消はイノベーションによって実現すると説明している。これまでの生産力の向上は基本的に化石燃料を前提とする技術によって達成してきた。土地生産性の向上を図るために、化学肥料の多投に反応して多収が見込める新しい品種を育成してきた。また、多収型作物の登場は生態系のバランスをくずし、そのことによって病害虫による被害が発生することからこれを抑えるための化学的合成農薬を開発してきた。また、機械化は労働生産性の向上をもたらすが、特に土壌を深く反転できる能力を持つ機械は、土地生産性を向上する効果があるとされる。いずれにせよ機械を動かす

---

102. みどり戦略で言う「政策手法のグリーン化」とは、補助・投融資・税・制度等の政策誘導の手法に環境の観点を盛り込むことで、環境配慮の取組を促すものとされている。

103. 武本俊彦「第4章 みどり戦略はバックキャスティングアプローチをとっているのか―食料自給率向上の実現可能性との関係から―」、日本農業年報67号、2022年参照。

のは化石燃料であった。そうした現状から脱炭素化を前提とする生産性向上の技術とは、つまり、脱炭素を前提とする「品種開発」「化学肥料」「化学農薬」「機械作業」などがどのようになり、その結果として土地生産性、労働生産性、そして最終的には経営の収益性がどのようになっていくのかを明らかにすべきだろう。

　次に、人口減少・超少子高齢化の日本における農業構造の展望について、投入される労働量がどの程度に減少し、それを前提にスマート農業などの先端技術の導入によって農業の構造がどのようになり、新たな生産技術・新品種などの導入と相まって、生産量、収益性はどのようになっていくのかを示すべきであろう。

　さらに、将来の農業経営の姿について、我が国の農地の分散錯圃という土地条件の下で、分散錯圃の解消の可能性、農地の集積・集約の可能性、農業労働力の確保の可能性を踏まえた上で、脱炭素に沿った新品種、肥料・農薬などの資源の導入可能性を評価すべきであるし、また、それらを前提に、労働生産性、土地生産性の向上の可能性などを評価する必要がある。そうしたことから、望ましい経営モデルが示せることになり、そのことを前提に技術の社会的実装の可能性を評価できるようになるのではないか。

　以上の論点を踏まえ、農業を起点とする加工・流通・消費をつなぐ食料システムの構造がどのようになっていくのかを分析し、脱炭素社会に向けて食料システム全体のグリーン化を実現することが重要な課題となる。みどり戦略の「政策手法のグリーン化」のような補助・投融資・税・制度等の政策誘導措置の有効性は否定しないが、それだけでは十分ではない。みどり戦略は脱炭素化に向けてステークホルダーの行動変容を期待しているが、それを促す手法として価格メカニズムを活用しようとする姿勢が全くない。つまり、イノベーションは、一般的に希少な資源を節約し、価格の安い資源を使う方向に進歩するのである。脱炭素におけるイノベーションとは、二酸化炭素を始め温室効果ガスが「タダ」であるので、排出を抑制しようとするインセンティブが働かないことに原因がある。したがって、価格メカニズムが作用するようにするためには、「炭素の見える化」を行うこと、すなわち二酸化炭素に炭素税をかけてそれを節約した方が得だということにすれば、二酸化炭素の排出を減少させようと考えるのであり、そこにイノベーションが動き出すの

である。

　次に、みどり戦略では現状の食料システムを持続可能なものへ改革することが戦略の「肝」と考えているのであるが、戦略における技術の工程表では個別技術について、費用対効果の分析がなされておらず、すべてが並列に記されていることに加え、生産力の向上に必要となる農業構造や農業経営の在り方に関する指標が示されていない。したがって、現状の戦略では、PDCAの政策評価サイクルを機能させる前提条件を欠いていることから、脱炭素という目標が達成できるかどうか、問題なしとしない。

　したがって、みどり戦略の実効性を高めるためには、価格メカニズムを機能するように、

図・表21

農林水産省資料

104. カーボンプライシングは、炭素税、排出量取引制度といった形で世界で普及している。これは、市場の外部性を内部化する政策であり、効率的な気候変動政策と考えられている。導入に際しては、産業規制のない国へ国内産業が移転する炭素リーケージの問題を指摘する意見もあるが、排出量の無償配分や国境での輸入品に対するカーボンプライシングを課して競争条件の平等化を図る（国境炭素調整（CBAM））という方法によって調整されている。有村俊秀・日引聡（2023）「入門　環境経済学　脱炭素時代の課題と最適解　新版」中公新書の「第7章　気候変動とカーボンプライシング」参照

炭素の見える化のための措置（カーボンプライシング措置[104]）を導入すること、個々の政策が食料システムのグリーン化からみて、効果的かどうかを判断できるよう、費用対効果を明らかにすること、そのためにも、「分散錯圃」の状態にある農地の集約・集積を進めるための仕組みを検討し、大規模低コスト型から消費者のこだわりに応える高付加価値型まで特徴ある農業経営の展開が可能となるよう、イノベーションを駆動する農業経営モデルを示していく必要がある。つまり、食料システムの持続可能性の実現へのプロセスを織り込んだものにバージョンアップする必要があると言える。

　また、みどり戦略の実施法としてみどりの食料システム法（「環境と調和のとれた食料システムの確立のための環境負荷低減事業の促進等に関する法律」の通称）が2022年7月に施行された（図・表22）。同法の食料システムの定義では「農林水産物及び食品の生産から消費に至る各段階の関係者が有機的に連携することにより、全体として機能を発揮する一連の活動の総体を言うものとする」と規定し、

― 基本理念として、環境に調和した食料システム確立へ農家・事業者・消費者は連携し、国や県、市町村は必要な施策を実施。農家や事業者は事業活動を、消費者は農林水産物の選択を通じ、環境負荷低減に努力すること

― 支援の仕組みとして、国が環境負荷低減に向けた基本方針を策定し、県と市町村が

図・表22

農林水産省資料

　　　　　共同で基本計画を策定。基本計画に沿って取り組む農家を県が認定すること

－　有機農業の団地化を推進するため、地域の全農家で、防除に関する取組などを
　　盛り込んだ協定に合意し、市町村が認可。認可後に地域で新たに農業を始める人
　　にも協定に参加してもらうこと

を内容としている。

　そもそもみどり戦略は、これまでの食料・農業・農村政策の基本理念やそれに基づい
た具体的な施策の方向について大きく修正することを求める内容のものである。具体的
には、食料・農業・農村基本法の理念である「食料の安定供給の確保」に示される「効
率性の観点」と「農業・農村の多面的機能の発揮」に示される「持続可能性の観点」に
ついて、通常はトレードオフの関係にあるものを脱炭素に向けてどのように調和させるの
かという論点である。この論点についてはその関係性を体系的に整理した上で、関係す
る施策を大きく見直すことが必要になってくるのではないかと考えられる。また、仮にその
見直しを行うとすれば、それに伴い既存の実定法を修正することが必要になると考えら
れる。

　したがって、みどり戦略を策定したことからすると、まずはみどり戦略の思想・理念を織
り込んだ現行の食料・農業・農村基本法の改正に取り組むこととし、その検討過程にお
いてエネルギー政策、環境政策の面で、他省庁の基本法体系との調整を図ることが必
要となってくるであろうから、その調整の過程でそれぞれの法的措置の活用も含めた整
合性をとることになったものと考えられる。

　しかし、農林水産省は、他省庁との多大の時間と労力を要するみどり戦略の理念・施
策の方向を具体の法律に落とし込むことはせずに、みどり戦略の中の「有機農業の推
進」を進めることを目的に同法を作成したものであることに留意すべきである。

　次に、同法の国と地方公共団体との関係をみると、国の示す方向に対して各都道府
県及び各市町村は自主的な取組を行うことを前提としており、その策定を義務づけてい
るものでもなく、また、みどり戦略で示されている数値目標の内訳ともいうべき各都道府県
単位の目標も示すものではないことから、みどり戦略の有機農業の目標が達成されるこ
とが法律上担保されているわけではないことに留意する必要がある。

さらに、そもそも同法の実効性の担保措置は、地域の全農家が有機農業の栽培管理協定に合意し、それを市町村が認可をすると、認可後に地域で新たに農業を始める人にも協定に参加する義務が生じるというもの（承継効）等のほか、制度資金や税制の特例、手続きのワンストップ化という、法的には極めて弱いものであると考えられる。

　以上のような性格を有する同法は、みどり戦略の「有機農業」に関する数値目標に対する実現を法的に担保するものではなく、また、現行の食料・農業・農村基本法との関係性があいまいであることから、国の姿勢は有機農業に対してあまり本気ではないのではないかと思われることもあって、各都道府県・市町村の取組姿勢にネガティブな影響を与えているのではないかと考えられる。

　以上のみどり戦略についての考え方を踏まえ、環境・エネルギーと、食と農をつなぐ食料システムとの関係について検討することとしたい。

　食料システムにとって、化石エネルギーは肥料・農薬・燃料などの生産資源に関わるもので、効率性向上の要素であり、また、農業・農村の現場は、食料生産と生態系サービスとの調和を図りつつ、農業・農村の多面的機能の発揮が期待されるものである。

　さらに、みどり戦略に決定的に欠けているのは、農家・農村にとって再生可能エネルギーと蓄電池を普及させる視点である。デンマークやドイツなどで分散型エネルギーの先進事例を学ぶ必要がある。最近では小水力発電だけでなく、日本でもソーラーシェアリングや垂直ソーラーなど農業生産と両立可能な太陽光発電も生まれている。また木質チップだけでなく籾殻を燃料にした熱源利用も増えてきている。再生可能エネルギー生産の場を提供することにより、化石燃料価格の上昇が見込まれる中では再生可能エネルギーの増産はエネルギー自給率の向上と経営安定に資するとともに、内発的発展の視点から稼いだ所得の地域内循環を通じて持続可能な成長を実現することにつながる。

　また、原子力発電との関係では、ほとんどの発電施設が人口の希薄な農山漁村という食料システムにおける食料生産のメインフィールドに立地されており、生産された電力は主に人口稠密な都市部で消費されているという特徴がある。その上で、日本の原子力発電政策は、高速増殖炉（もんじゅ）の導入と再利用施設（青森県六ケ所村）の整備からなる核燃料サイクルを前提に、これによって得られた原爆の材料ともなるプルトニウ

ムを準国産と位置付け、エネルギー自給率向上を名目に発電所の立地を奨励してきた。

しかし、もんじゅは2016年に廃炉が決定され、再処理工場はいまだ完成していない現状にあるので、原発による自給率向上は望み難いと考えるべきだろう。加えて原発の稼働により累増する使用済み核燃料は、人がほとんど即死するほどの強い放射線を出しており、各地の原発でプール保管という不安定な状況にある。

大規模震災、テロ行為などの事件・事故が起これば、重大な事態による深刻な被害が地域住民の生活に、そして地域の産業である農業を起点とする食料産業全般に対して、発生することになる。その上、地域の食料に対する風評被害が発生するおそれもある。

加えて、使用済み核燃料については、再利用後にガラス固化体となった高レベル放射性廃棄物の段階で、政府は人体に影響の出ない状態になるまで相当に長期間にわたり安全な場所[105] (地下300㍍以上の地層) に保管する「深地層処分」という方法で処理することとしているが、最終処分場の見通しは全く立っていない状況にある。

したがって、GX基本方針において原発の運転期間延長や新増設の問題を取り上げるよりも、まず今そこ・ここにある使用済み核燃料も実態上高レベル放射性廃棄物であり、その安全な保管の在り方を含め、いわゆる最終処分の在り方についての国民的コンセンサスづくりに政府は主導的役割を果たすべきである。その際に心得るべきことは、原発による電力が広く全国民が受益している一方で、原発が立地されている特定の地域住民が立地に伴うさまざまな負担を負っているという状況を正確に把握することが重要である。その上でこのような負担と受益のアンバランスについて適正に調整する仕組みを講じる必要がある。いずれにしてもこうした問題については、関係する全ての情報を公開し国民への説明責任を果たすべきである。

これまで検討してきたグリーン成長戦略、GX実現に向けた基本方針、みどり戦略については、EUのグリーンディールに比べ、具体的な政策の費用対効果の分析がなされていないこと、経済・社会へのインパクト分析がなされていないことから、かなりの補強を加

---

105. 深地層処分には安全性の観点から疑問を呈する意見もある。例えば、今田高俊・寿楽浩太・中澤高師『核のごみをどうするか もう一つの原発問題』2023年参照。なお、高レベル放射性廃棄物の最終処分問題と地域振興については、東方通信社が2015年から「原発ゴミの処理と地域振興に関する研究会」を開催し、その活動内容は『月刊コロンブス』(同社発行)に掲載(2024年2月号第100回研究会)されている。この研究会に筆者も参加している。

えないとそれらの政策を実施したからと言って脱炭素を実現することにはならないだろう。

　食料システムについては、食と農をつなぐ制度・政策のグリーン化を行うことを通じて、持続可能な食料システムに転換することが必要である。具体的には、価格メカニズムを前提に、炭素の見える化を図る観点から、炭素税、排出量取引などのカーボンプライシング措置を導入することが必要である。その場合、カーボンプライシング措置を先行して導入している国等の経験に学んで、実効性のあるものを構築すべきである。また、「政策手法のグリーン化」については、積極的に活用していくべきである。それらの検討の際、国内の生産・流通・消費がグリーン化することを前提に、特に輸入される農産物・食品についてその生産国のグリーン化の程度が日本よりも劣る場合には、国境での調整を行うことができるようにする措置も検討する。なお、EUの「炭素国境調整メカニズム」の導入について参考[106]とする。

　このようなカーボンプライシング措置は、価格メカニズムの作用によって、輸入資源の依存を減らし、第4章で述べた新しい土地利用制度は農地制度の抜本的改革と相まって、国内生産力の増強をもたらすことになり、これらを通じて、エネルギー自給率の向上と食料自給率の向上をもたらし、食料システムのグリーン化を実現することになるものと考える。

参考 地球温暖化について
(1) いつから地球温暖化は始まったのか

　地球温暖化は、人類の歴史において産業革命からと考えてよい（図・表23）。産業革命とは、道具から機械への変化、工場制と近代産業の確立などによって、産業の技術・生産組織・生産力の面での変化をもたらしたのである。技術革新によって、従来の道具を用いた作業場の自営生産者のうち、一部の者は機械を備えた工場の所有者（＝資本家）へと上昇し、大半はそうした工場で働かざるを得ない賃労働者へ

---

106. EUが2026年1月に導入しようとする「炭素国境調整メカニズム（CBAM）」とは、EU域外から入る製品に対し、CO₂排出量に応じた実質的な課徴金が賦課されるもの。CO₂の排出量に課金する一種のカーボンプライシング措置で、環境規制の緩い国からの輸入に対する事実上の関税。2023年10月〜2025年12月の移行期には、輸入品のCO₂排出などに関わる報告書の提出が義務化される。輸入品の対象となるのは、現時点で鉄鋼、アルミ、肥料など。後藤光宏「EU新制度」日本経済新聞2023年11月18日参照。

下降する。その結果、二つの階級に両極分解し、この現象を資本の本源的（原始的）蓄積と呼ぶ。このような変化は、製造業（生産）部門だけでなく、運輸・通信・金融業などの製造業以外の分野にも、技術・生産組織・生産力の変化が波及していくのであった。

　産業革命は、それまでの人力、風力、水力、薪・炭（森林の伐採により得られる木材を原料とするもの）といった再生可能エネルギー（自然エネルギーともいう）から人工エネルギー（当初は石炭・コークス、続いて石油・天然ガスなどの化石燃料）へと、エネルギーの転換が見られるのであって、これによって自然の制約条件を突破することが可能となり、産業革命が実現したとされる。史上最初に産業革命が起こったイングランドでは、人口増加に加え非農業人口の比率も増大していき、食料の需要増大に対しては外国からの輸入（＝外国の自然に依存することを意味する）によって食料確保を可能にしていった。

　市民革命[107]によって身分制・共同体の諸規制から人々が解放されたことが、産業革命の前提条件と考えられる。すなわち、職業の自由・移動の自由が現実化すると、人間の「際限のない欲望」を充足しようとする活動が可能となり、経済の持続的成長が実現した結果、1850年の約1兆㌦（約110兆円）から2011年の約70兆㌦（7700兆円）に成長し、同期間の人口規模は、約12億人から約70億人を超えることになった。

図・表23 世界人口の推移

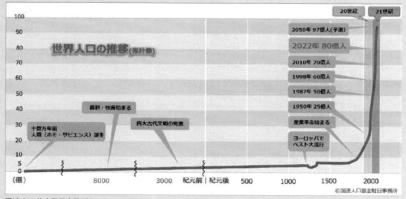

国連人口基金駐日事務所ホームページより

　産業革命は、農業のあり方にも影響を与えた。現代農業とは、化石燃料を用いた農業機械（投下労働時間の節約）と、化石燃料を主原料とする化学肥料や化学合成農薬（反収の増加をもたらすこと）に依存して、その高い生産性（労働生産性、土地生産性[108]）を実現したものである。現代農業は、19世紀末に登場し20世紀を通じて世界各地に定着したものである。農業機械によって土地を深く耕すことが可能となり、全般的に労働生産性を高く保つことが可能となった。化学肥料は、従来の緑肥や魚粉に比べ、化学合成農薬とともに、高い土地生産性（＝単収の増加）を支えている。

　現在の農業生産力とは、製造業などと同様に、「過去の自然（環境）に依存（＝化石燃料の使用）」したものであり、化石燃料に依存できない場合（＝脱炭素化）には化石燃料に依存しなくてすむ技術が必要となる。仮にそのような技術が開発されなければ現在の生産力（労働生産性・土地生産性）を維持できないことを意味する。

参考 持続可能な開発（Sustainable Development）

　世界自然保護基金（WWF）は、2014年9月の報告で、他国の自然（環境）に依存（＝輸入）した生産活動と過去の自然（環境）に依存した生産活動（＝国内生産）によって満たされる現状の消費水準は、現在の地球の持つ生産力（年間に生み出す能力）の1.5倍を消費していると指摘している。これは、いわば毎年の利息に相当する地球の自然が生み出す余剰分を超えてその源である地球環境（＝元本）自体に手を付けている状況であり、言い換えると現代世代が、将来世代が享受するはずの余剰分を先食いしている状況であるという指摘に他ならない。したがって、将来世代の利益を損なわない範囲内で環境を利用していこうという考え方を実践することが持続可能な開発（Sustainable Development）の意味するところである。

---

107. 市民革命：英「名誉革命」、仏「フランス革命」、米「独立戦争」など。
108. 労働生産性と土地生産性との関係については、第6章の1の「（参考）労働生産性と土地生産性との関係」を参照。

（2）気候変動枠組条約と気候変動に関する政府間パネル

　1992年のブラジルのリオデジャネイロで開催された地球サミット（環境と開発に関する国際連合会議「国連環境開発会議」）において、この持続可能な開発（Sustainable Development）を目指していくことが合意された。

　ここで用語解説をすると、地球温暖化とは、化石燃料（石炭、石油、天然ガスなど）を使うことによって排出される温室効果ガス（二酸化炭素、メタン、一酸化二窒素、フロンガスなど）の影響によって引き起こされることである。

　化石燃料とは、太古の地球に存在していた動植物の死骸が地中に堆積し、そこで長い時間かかって加圧・加熱されてできた化石のことである。この化石燃料を燃やすと、酸素と結合して二酸化炭素となって大気中に出ていくことになる。

　温室効果ガスとは、熱を吸収する性質を持っているものをいい、二酸化炭素のほかに以下の表のようなものが存在する。

図・表24 温室効果ガスの特徴
（国連気候変動枠組条約と京都議定書で取り扱われる温室効果ガス）

温室効果ガス		地球温暖化係数※	性質	用途・排出源
CO_2	二酸化炭素	1	代表的な温室効果ガス。	化石燃料の燃焼など。
CH_4	メタン	25	天然ガスの主成分で、常温で気体。よく燃える。	稲作、家畜の腸内発酵、廃棄物の埋め立てなど。
N_2O	一酸化二窒素	298	数ある窒素酸化物の中で最も安定した物質。他の窒素酸化物（例えば二酸化窒素）などのような害はない。	燃料の燃焼、工業プロセスなど。
HFCs	ハイドロフルオロカーボン類	1,430など	塩素がなく、オゾン層を破壊しないフロン。強力な温室効果ガス。	スプレー、エアコンや冷蔵庫などの冷媒、化学物質の製造プロセス、建物の断熱材など。
PFCs	パーフルオロカーボン類	7,390など	炭素とフッ素だけからなるフロン。強力な温室効果ガス。	半導体の製造プロセスなど。
SF_6	六フッ化硫黄	22,800	硫黄の六フッ化物。強力な温室効果ガス。	電気の絶縁体など。
NF_3	三フッ化窒素	17,200	窒素とフッ素からなる無機化合物。強力な温室効果ガス。	半導体の製造プロセスなど。

※京都議定書第二約束期間における値　　　　　　参考文献：3R・低炭素社会検定公式テキスト第2版、温室効果ガスインベントリオフィス

全国地球温暖化防止活動推進センター資料

1) 地球の地表平均気温は?

　仮に大気に温室効果ガスがなければ、地球の地表平均気温は氷点下19℃であるとされる。温室効果ガスがあることで、太陽からの光を吸収しつつその一部を宇宙に逃がすことになる結果、地球の地表平均気温は14℃となって人間が住める環境を形成している。しかし、人間の活動によって温室効果ガスが増えすぎると、熱を吸収するガスが増えていき大気が前よりも温まってしまう状況となる。これが地球温暖化の仕組みである。

2) 地球温暖化は、本当に人間活動によるのか?

　1980年以来、温室効果ガスの増加という現象は、「本当に人間活動によるものなのか」それとも「自然界のサイクルによるものなのか」との科学的論争が起こった。1988年に、世界気象機関(WMO)と国連環境計画(UNEP)によって気候変動に関する政府間パネル(IPCC：Intergovernmental Panel on Climate Change)が設立された。IPCCは、世界中の温暖化に関する研究者が発表する研究論文の中から、多くの研究者が信頼できると認めた知見だけを集めて報告書とする作業を行う機関である。IPCCの報告書は、世界中の科学者が統一見解として認める、国連の温暖化の科学の集大成である。

　このIPCCによる評価報告書については、これまでに6回の報告書が発表されている。その報告書における「温暖化が人為的活動によるものかどうか」に関する記述は次のとおりである。

第1回(1990年)は、IPCCの気候変化に関する知見は十分とは言えず、気候変化の時間、規模、地域のパターンを中心としたその予測には多くの不確実性がある。

第2回(1995年)は、事業を比較した結果、識別可能な人為的な影響が地球全体の気候に表れていることが示唆される。

第3回(2001年)は、残された不確実性を考慮しても、過去50年間に観測された温暖化の大部分は、温室効果ガス濃度の増加によるものであった可能性が高い(66〜90%の確からしさ)。

第4回(2007年)は、気候システムに温暖化が起こっていると断定。人為起源の温室効果ガスの増加で温暖化がもたらされた可能性が非常に高い(90%以上の確からしさ)。

第5回(2013〜14年)は、人間による影響が20世紀半ば以降に観測された温暖化の最も有力な要因であった可能性が極めて高い(95%の確からしさ)。

第6回（2022年）は、人間活動が主に温室効果ガスの排出を通して地球温暖化を引き起こしてきたことには疑う余地がない。

(3) 地球温暖化は人為的要因によることは疑う余地がない

地球温暖化は人為的要因によるかどうかについては、IPCCの第6回評価報告書では「疑う余地がない」という認識である。

1) 今後の気温上昇率をどうみているのか

1880年から2012年までの約130年で地球全体の平均気温は、約0.85℃上昇であり、今後の100年後の地球の気候について、IPCCの第5次評価報告書は、4つの未来社会シナリオを想定している[109]。

低位安定シナリオ（RCP2.6）：平均1.0℃（0.3〜1.7℃）

中位安定シナリオ（RCP4.5）：平均1.8℃（1.1〜2.6℃）

高位安定シナリオ（RCP6.0）：平均2.2℃（1.4〜3.1℃）

高位参照シナリオ（RCP8.5）：平均3.7℃（2.6〜4.8℃）

また、温暖化の影響は次のように予想している。

1℃上昇：大雨、洪水、熱波などの異常気象のリスクが高まる

2℃上昇：北極海の氷やサンゴ礁など気温変化に弱い生態系システムは重大な危機

3℃上昇：利用可能な水が減少、広い範囲で生物多様性の損失が起きる

3℃以上の上昇：大規模に氷床が消失し、海面水位が上昇、多くの種の絶滅リスク、世界の食糧生産が危険にさらされる可能性

2) 「2℃未満に抑える」ことから「1.5℃に抑える」ことの合意とその意味

2℃未満に抑えることについては、2010年国連会議で「産業革命前に比べて気温上昇を2℃未満に抑える」ことが合意され、2016年国連会議で法的拘束力のあるパリ協定の中で、「気温上昇2℃未満に抑えることを長期的目標とする」ことに成功した。なお、2021年10月31日〜11月13日英国グラスゴー国連気候変動枠組条約第26回締約国会合（COP26）で世界の平均気温の上昇を1.5℃に抑える努力を追求することに

---

109. 数字は、1886〜2005年平均からの差で示したもの。1850〜1900年に比べすでに0.61℃昇温しており、「工業化以前」からの気温上昇を議論する場合には、この「ゲタ」を考慮する必要がある。

合意された。

　2℃未満に抑えることの意味は、取り返しのつかないような影響のリスクはかなり軽減されることが明確化されているが、2℃未満に抑えることができたとしても温暖化の影響はかなり重大であることから、温暖化の悪影響に備えて対応（適応）することによって、被害をかなり軽減させることが必要であることとされている。

3) パリ協定はどうやって地球温暖化を防ぐのか

　世界の温室効果ガスの現在の排出量は、RCP8.5シナリオ（4℃上昇シナリオ）に沿った形で推移している。したがって、早く減少に転じ、2℃シナリオを達成することが必要である。そのため、2050年の排出量はいまの約半分にし、2100年ごろまでには排出はゼロないしマイナスにしなければならないとされている。

　2℃未満に上昇を抑えるためには、エネルギー効率の急速な改善（＝省エネルギー）、低炭素エネルギーの供給の急増（＝脱炭素・低炭素）を図ることが必要である。

4) 低炭素エネルギー供給を急増するにはどうするのか

ア　再生可能エネルギー（太陽光、風力、小水力、バイオマスなど）

　第4次評価報告書以降、再生可能エネルギー技術は大幅に性能が向上し、コストが低減している。しかし、市場シェアを伸ばすためには引き続き直接的・間接的なサポートが必要である。

イ　原子力:

　温室効果ガスを出さないベースロード電源とされるが、世界における発電シェアは1993年以降低下している。運用する際のリスクや関連する懸念、原料のウランの採掘リスク、経済的及び規制面でのリスク、未解決の核廃棄物の処理問題や核兵器の拡散リスク、否定的な世論などさまざまな障害やリスクがある。

ウ　化石燃料の炭素回収貯留技術（CCS[110]）

　化石燃料の炭素回収貯留とは、図・表25に示すように、発電所などの二酸化炭素（CO_2）の排出源の近くに設置した回収設備で回収し、それを地下の遮蔽層（CO_2を通さない泥岩などの層）の下にある貯留槽（隙間の多い砂岩などの層）にCO_2を貯留するものである。

　現在は実験室段階の技術であり大規模な商業化は実現していない。これが実用化さ

れれば、石炭などの化石燃料を使用する発電所のライフサイクル温室効果ガス排出量を減少させる可能性があり、石炭火力発電を温存できると期待されているものである。しかし、これらの回収・貯留の技術の実用化ができるのか、仮にできたとして地震列島の日本国内に貯留する場所を確保できるのか、国内で確保できないからと言って他国に受け入れるところを見つけることができるのかといった課題も多い。

そもそも火力発電のうちで二酸化炭素の発生量は石炭が最も多いことからすると、まずは石炭の使用を抑え効率的な天然ガス発電所を検討すべきではないかという考えもある。石炭は、価格が安く世界的に広範に存在していることから石炭火力発電に拘泥しているのであろう。一方で気温上昇を2℃未満に抑えることも喫緊の課題である。こうした観点から、CCSを実用化して石炭火力発電所を温存しようという考えとされる。

しかし、将来的に石炭火力発電の持続可能性はあるのか[111]疑問なしとしない。

図・表25

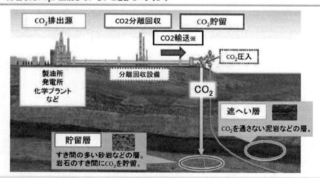

環境省「我が国におけるCCS事業について」(平成27年9月5日)p2

---

110. Carbon dioxide Capture and Storage
111. 2021年G7サミット：2050年までにCO₂ネットゼロ、30年目標コミット、2021年に石炭火力の新規輸出支援の終了。

（4）気候変動を巡る国際交渉
1）気候変動の国際交渉の場
　1992年のブラジルのリオデジャネイロで開かれた国連環境開発会議で締結された気候変動枠組条約（UNFCC:United Nations Framework Convention on Climate Change）は地球温暖化防止のための最も基礎的な国際条約である。

　条約参加国の会議は締約国会合：Conference of Parties（COP）と呼ばれ、温暖化対策の国際交渉の舞台となっている。温暖化を巡る交渉には、温室効果ガスの削減、温暖化の悪影響に対応するための適応、途上国への資金支援や技術支援などの論点があるため、10以上の分科会が開催されている。

　COPにおける交渉は、200か国の政府の交渉官によって行われるが、会議場には、温暖化に関する研究者、温暖化関連のビジネス関係者、交渉を取材するメディア関係者、国際NGO関係者などが参加するので、毎回1万人以上の大規模なものとなっている。

　温暖化は経済活動の源泉であるエネルギー問題に関係するため、各国は温暖化は抑えたいとの立場をとるものの自国にとって多くの負担を負うことは避けたいというのが基本的考えであり、国益（エゴ）のぶつかり合う交渉が展開されている。各国の国益（エゴ）の衝突に対して、地球環境の研究者や国際NGOの関係者が地球益（公共性）の観点から各国の議論を批判すること、解決策の提案を行うことを通じて会議の結果がその時点の最良の地球益につながるよう「触媒」として機能することが期待されている。

2）国際交渉はどのように展開されたのか
　気候変動の国際交渉は、次の3つの段階に分けられる。第1段階（1992〜2012年）は、気候変動枠組条約締結から京都議定書までの初めての温暖化対策の国際条約の時期、第2段階（2013〜2020年）は、カンクン合意と京都議定書第2約束期間の併存までの自主的な取組に後退した時期、第3段階（2020年以降）は、2020年以降は法的拘束力のある「パリ協定」が成立した以降の時期である。
第1段階（1992〜2012年）
第1段階は、気候変動枠組条約における2つの重要な原則（「予防原則」と「共通だが差異のある責任原則」）の登場した時期である。

　1990年代当初は、温暖化が人間活動によるものかどうかは科学的に明確ではない

時期であるが、このまま温暖化が進むと取り返しのつかない悪影響が引き起こされる可能性があることから、「予防的」に対策をとるという考え方が「予防原則」というものである。同条約では、温室効果ガスの削減は、各国の自主性に任されている結果、世界の排出量は世界経済の成長に伴って大幅に増加していった。一方で、「共通だが差異のある責任原則」とは、温暖化を抑える責任は世界各国が共通に負うものであるが、これまでに起きている温暖化は、産業革命以降先に開発を進めた先進国の責任が重いという考えである。

　上記の二つの原則に沿って効果のある国際条約を作ろうという動きとして、1997年に歴史的に排出責任のある先進国に対し国ごとに個別の削減目標を課す（＝法的拘束力）「京都議定書」が採択された。京都議定書の2008〜2012年の第1約束期間では、義務を負う先進国全体で1990年の温室効果ガス排出量よりも5%削減（日本6%、米国7%、EU8%）すること、途上国は「共通だが差異のある責任原則」に基づき、まずは開発を優先する権利があるということで削減義務は課されなかった。

　京都議定書は条約としては発効したものの、当時世界一の排出国であった米国は先進国だけが削減義務を課されるのは不公平であり、削減義務のない中国と比べると、米国の経済は不利な扱いであるとして京都議定書には参加しなかった。米国は、クリントン政権（民主党）が交渉をリードしたものの、次のブッシュ政権（共和党）は京都議定書に不参加であった。

　京都議定書の第1約束期間（2008〜2012年）が始まると、中国やブラジルなどの新興国の開発が急速に進み途上国からの排出量が急増し、特に中国は2008年には米国を追い抜き世界第一の排出国となった。こうした状況になると、先進国だけが削減義務を負うという京都議定書の体制では、世界の温暖化を抑えることは不可能であることが次第に明確になっていった。そうした中で第2約束期間（2013年〜2020年）の枠組みについては、途上国は、先進国だけが削減義務を負う形の京都議定書の趣旨は第2約束期間（2013年以降）も存続させ、先進国が大幅な削減義務を負うべきだと強く主張する一方で、先進国は2008年のリーマンショックなどで経済状況が悪化している状況において自国が大幅な削減目標を持つことに及び腰となった。

　途上国と先進国が相互に非難合戦を行う中で、2010年にメキシコのカンクンで開催されたCOP16において、「各国が自主的に2020年までの削減目標を掲げて実施していく」というカンクン合意にこぎつけた。カンクン合意は、米国も参加し中国やブラジルな

ど主要な途上国も初めて正式に削減行動を約束したことから、京都議定書に比べると自主的合意への後退の側面はあったものの、先進国のみならず途上国の参加を見込める画期的なものであった。しかし、第2段階で各国が掲げた2020年の温室効果ガス削減目標を積み上げても2℃未満に気温上昇を抑えるにはとても足りない代物であった。したがって、2020年以降の第3段階では、すべての国を対象に法的拘束力のある新しい国際条約を作ることが目標となったのである。

2011年末に南アのダーバンで開催されたCOP17では、会期を延長して、最終的に「すべての国」を対象とした「法的拘束力」のある新しい2020年以降の「国際条約」を「2015年末に採択」することが決定された。第3段階の新しい条約は、2015年末にパリで開催されるCOP21で採択することとし、それに向けた国際交渉が2012年から開始されることとなった。

3) パリ協定はどうやって成立したのか

　パリ協定締結に向けた交渉においても、「共通だが差異のある責任原則」に基づく必要があり、世界全体で前もって公平な削減目標を決めることは不可能であることは共通の認識であった。それではどうやって交渉するのか。

　そこで考え出された方法は次の通りであった。それぞれの国が自国の開発程度からいって自分で公平な分担だという「自己差異化」削減目標を国内で決めて国連に通報すること、各国のいわば身勝手な目標を積み上げても不十分な目標となる可能性は高いので、各国が事前に目標案を公表し、最終的に国連で目標を決定する前に、それぞれの目標案を国際的にチェックし合ってから決めるというプロセスを導入する。

　これは、自国の目標が他の同じような開発レベルの国々と比べても公平な目標だと国際的に説明しなければならないというプレッシャーがかかることを意味する。そのプロセスの過程において、各国の研究者・国際NGOも見解を発表するので、地球益の観点からの厳しい視線にさらされる。2015年のパリ会議に向けて交渉が進む中で、米国（オバマ政権（民主党））はあらかじめ中国と話をまとめ、1年前に自国の新しい削減案を発表した。EUも1年前に新しい削減目標を発表した。

　2015年12月のパリで開催されたCOP21では、当初、交渉は自国利益を優先し膠着状態に陥った。そうした状況下、EUがカリブの島国連合やアフリカと手を結び「高い野心同盟」を結成した。「野心的な長期目標を持ち、科学に基づいた見直しと削減目標を

設定しよう」との訴えを公表した。これは、島国連合やアフリカから同じグループ内の中国やインドに対し「野心的な温暖化対策を示せ」という圧力をかけることを意味することになった。また、米国はその翌日にこの高い野心同盟に参加を表明し、更にその翌日にはブラジルが参加を表明するとメキシコ、コロンビアなどのラテンアメリカ諸国が追随した。その結果、同盟参加は100か国超の状況となったのである。

　全体の構図は、環境対策を巡る対立が「先進国⇔途上国」から「積極派⇔消極派」に切り替わり、最終的にすべての国が同じ法的拘束力のある国際条約の下で温暖化対策に取り組むことを内容とするパリ協定が成立した。

4) パリ協定で決まったこと

　パリ協定の仕組みは、科学を反映した2℃未満を目標とする長期目標と5年ごとの削減目標改善の仕組みを基本とする。その内容は、パリ協定は法的拘束力を持った国際条約だが、各国にはそれぞれの国の目標を達成することは義務としていないこと、しかし、5年ごとに目標を掲げることは義務とすること、さらに、目標を達成するための温暖化政策を導入し実施することも義務とすること、こうした仕組みとする事によって、すべての国の参加を確保することとした。

　協定の実効性を確保するのは、結局、詳細なルールがどうなるのかによる。これは国際交渉に委ねられることとなった。その主なもの、国際的な報告・検証制度の在り方、資金支援と技術移転の具体的内容と仕組み、京都議定書が作った温暖化対策を経済活動に組み込む仕組み（炭素税、排出量取引制度）の強化などである。

　その後、2021年10月31日〜11月13日のCOP26（英国：グラスゴー）において、パリルールブックが完成した。2022年11月6日〜20日のCOP27（エジプト：シャルム・エルシェイク）において、「損失と損害」対応支援に関する基金の設置が合意された。2023年11月30日〜12月13日のCOP28（アラブ首長国連邦：ドバイ）において、世界の温暖化を総点検する「グローバル・ストックテイク」が初めて行われ、現状ではパリ協定の「1.5℃目標」は到底実現できず、2030年に温室効果ガスを2019年比43％減、2035年に60％減にすることが必要。各国がとる政策として、2050年までに温室効果ガスを実質ゼロにするため、公正で秩序のある公平な方法で、エネルギーシステムの化石燃料からの脱却を2020年代に加速する。排出削減対策が取られていない石炭火力発電所の段階的削減に向けた努力を加速する。世界の再生可能エネルギー容量を

2030年までに3倍にする。このほかに、脱炭素技術として、再生可能エネルギー、水素、CO_2の回収・貯留技術とともに、原子力の活用も位置づけ、温暖化による途上国への悪影響を救済するための「損失と被害」基金に先進国などの拠出の詳細がまとまった。なお、農業分野の温暖化防止対策支援などを各国に求める「エミレーツ宣言」が採択された（朝日新聞、日本経済新聞、新潟日報、日本農業新聞2023年12月14日）。

食と農をつなぐ制度の肝は、基本法であろう。これまで1961年の農業基本法、1999年の食料・農業・農村基本法が制定された。2023年9月に食料・農業・農村政策審議会は、現行の食料・農業・農村基本法の見直しの方向を取りまとめた。政府は、2024年の1月に召集される通常国会に現行の基本法の改正法案を提出する予定である。

　今回の食料・農業・農村基本法の見直しに関しては、過去の基本法がどのような理念に基づいて、どのように策定されたのか、そしてそれがどのように実現され、されなかったのかを考察することが必要である。同じ間違いを犯さないためにも、今回の見直しに関して必要不可欠な論点を明らかにし検討していかなければならない。時系列をたどってみてみよう。

1. 農業基本法の制定（1961年）[112]

　高度経済成長期における国民の著しい所得水準の向上は、農業部門の相対的縮小を招く（ペティ=クラークの法則[113]）ことになり、需要の所得弾力性の低い必需品である食料を生産する農業部門は、需要の所得弾力性の高い製品を生産する工業部門に比べ、産業の規模としてみると、相対的に縮小することとなった。そのことに加え、日本の場合は、工業の生産性の上昇が農業のそれに比べ大きく、そのことによって農業部門がさらに縮小した側面もあった。この

---

112. 金子勝・武本俊彦、前掲書、2014年、第2章、藤本隆宏『ものづくりからの復活』、2014年、「第6章 現場発の国家戦略」の「6 農業現場にも『良い流れ』」参照。

113. ペティ=クラークの法則とは、経済社会・産業社会の発展につれて、第一次産業から第二次産業、第二次から第三次産業へと就業人口の比率および国民所得に占める比率の重点がシフトしていくという法則をいう。

ことは、農業と工業との所得水準格差の拡大もその背景にはあったと考えられる。

(1) 工業と農業との所得水準の格差是正の方向

　工業分野の保護の在り方は、日本の企業が先進国に追いつこうと先進国の技術を導入しそれを消化し、需要の価格弾力性・所得弾力性が大きいことから規模の経済を生かし生産を拡大することができるまでの期間、保護を行うという「幼稚産業保護論」の考え方に立脚していた。その結果、輸出競争力がついた段階から保護の在り方を転換することによって、国内価格と国際価格の乖離は縮小に向かっていった。

　農業分野の保護の在り方は、農業が生きた動植物の成長に対して人が関与（養育）するというものであることから工業製品のような弾力的な供給を行うことは困難であること、また、需要の価格弾力性・所得弾力性が極めて小さいという特徴があることから、工業製品のような規模の経済を生かして生産拡大することは基本的にむずかしい点がある。

　また、農業と工業との交易条件（所得格差）の改善には、土地集約型産業である農業の生産性を工業のそれに比べてより大きく向上させることが必要となるが、高度経済成長期において地価が高騰する状況下で農地の流動化を図ることが極めて困難であったことから、農産物価格の引上げ（例えば食糧管理制度に基づく米価の引上げ）によって対応せざるを得ない面があった。

　その結果、国内価格と国際価格の乖離が拡大し、農工間の所得格差の解消は、兼業所得の増大によって実現することとなった。以上の状況下においては、農業分野の保護政策はこれを維持していくこととなったのである。仮に農業の保護政策を止めて、農村部から農業者を追い出して大規模で生産性の高い農業構造を創出するという農業調整政策をとることとした場合には、多くの中小規模農業者にとって価格の低下・所得の減少による影響を被ることとなってしまい、このような農業調整政策をとることは政治的・社会的に極めて困難であった。その一方で、高度経済成長期には、消費者にとっては、家計に占める食料費負

担の軽減が進むとともに所得の向上が図られたことから、農産物・食料価格の負担に耐えられるようになった。また、保護政策をとるための財政負担については、経済成長に伴う税収増によって直ちに保護政策を見直すべきとの財政面からの圧力もそれほど強くはかからなかった。

(2) 都市と農村の所得格差の是正をどのように図ろうとしたのか

国民の所得水準を10年間で倍増するとの方針（1960年国民所得倍増計画）を決定した池田隼人政権にとっては、都市と農村の所得格差を解消することが農業政策における喫緊の課題であり、その方策を示すものが1961年に制定された農業基本法であった。

都市と農村の所得格差の解消は、そもそも政治的課題として取り上げられていた。当時の野党（社会党）は、所得再分配による解消を唱え、政府・与党（自民党）は経済成長を前提に所得の向上による解消を図るべきと主張していた。具体的には、都市勤労者は、経済成長による所得の向上を実現し、農業者は、農村の過剰な人口を都市に吸収させて農業の構造改善（規模拡大）を実現し、それを通じて農業の生産性を向上させ、農業所得を確保するというシナリオである。具体的には、農業の規模拡大を通じて自立経営[114]を育成し、こうした経営によって他産業従事者との生活水準ないし所得水準の均衡を図るというものであった。

(3) 農業基本法の二つの目標

1) 二つの目標

まず、規模拡大や選択的拡大によって農業の生産性を向上させ、非農業（特に製造業）の生産性にキャッチアップすることを目指すことであった。しかし、結果としてみれば、農業の製造業に比べた比較生産性は3分の1の水準にとどまった。次に、農村の農業者と都市勤労者との生活水準の均衡を図ることで

---

114. 自立経営とは、正常な構成の家族のうちの農業従事者が正常な能率を発揮しながらほぼ完全に就業することができる規模の家族農業経営で、当該農業従事者と他産業従事者と均衡する生活を営むことができるような所得を確保することが可能なものをいう。

あった。農業の生産性の向上を通じて農業者の所得水準を勤労者の所得水準に均衡化させようとするものであったが、前述のとおり兼業所得の増加によって生活水準の格差の解消が実現した。

2）なぜ専業農家による目標達成は実現されなかったのか

家計と経営が分離されていない「家族農業」においては、農業の収入が自然条件等により不安定である一方で、兼業収入が相対的に安定しているのであれば、自家労働による収入を最大化するために農業と兼業とに労働時間を配分するのはきわめて合理的な判断である。つまり、農業の専業による規模拡大は収入変動のリスクが大きくなるからである。

また、高度経済成長による地価の高騰は規模拡大という選択を困難にしたといえる。さらに、通勤兼業機会が存在し収入の増大が見込まれるようになれば、農業の規模拡大ではなく農業機械の導入による農業労働への投入時間を短縮することは、家計全体として見れば、極めて合理的な選択と言える。つまり、農家という家計単位でみれば兼業による所得向上を追求したものである。

3）なぜシナリオ通りに構造改革が行い得なかったのか

日本の農業構造の特徴は、農地改革によって経営規模が零細である上に農地の所有構造が分散錯圃の状態で確定したことにある。それを前提に、農業基本法に基づく政策は、経営の規模拡大を通じて自立経営を育成することであった。その場合の想定シナリオは、高度経済成長により非農業部門に労働需要が生まれ、農村から都市への人口移動（「雪崩・地滑り」）が発生し、農業就業人口の減少は30年ぐらいのタイムラグで農家戸数の減少をもたらし、離農による農地の流動化・規模の拡大が実現し、自立経営の育成が実現するはずだというものであった。しかし、1960年の国民所得倍増計画や1962年の国土総合開発計画等により、社会的インフラの整備と工場の地方移転が積極的に図られた。このことは、農村地域に在宅兼業機会が豊富に存在するようにする政策を推進したことを意味する。

土地利用型農業における経営の規模拡大については、平均的に見れば、北

海道において3.54ヘクタール（1960年）から24.92ヘクタール（2018年）へと58年間に7.0倍に拡大したが、都府県において0.77ヘクタールから1.74ヘクタールへと2.3倍の拡大にとどまった[115]。これは、北海道では兼業機会に恵まれなかったことから挙家離村型の離農が起こり、その結果、農地の流動化による経営の規模拡大が実現したのである。これに対し都府県では挙家離村型の離農は起こらず、むしろ通勤兼業＋機械化によって離農は抑制され、農村社会の安定化を実現したのである。

とくに、日本農業の基幹作物である稲作部門では、田植え機などの技術革新によって安定兼業への基盤が成立することとなった。その結果、在宅兼業による稲作の継続が可能となり、高度経済成長期の宅地など非農業用土地需要の拡大が見込まれる状況においては、宅地等の土地価格の高騰によって、農地転用期待の醸成（いつか高い値段で土地を買ってくれるまで農地という更地のままで持っておこう＝他人に貸すことは控えよう）によって、農地流動化が困難となったのである。

4）選択的拡大政策はどうであったのか？

農業の生産性を向上させるための選択的拡大とは、需要の増加する品目は増産し、需要の減少するものは減産することである。農業基本法の下で、「畜産3倍、果樹2倍」のスローガンはほぼ達成された。一方、米については、農業基本法の検討段階において米の過剰の可能性があるので増産からの転換が必要ではないかとの議論がなされていた。しかし、当時の河野一郎農林大臣から「米は成長作物だ」との発言により増産の方向へと方針転換された。その後、米の1人当たり消費量は1962年から減少することとなる一方、米価水準は引き続き引上げが図られ増産に拍車がかかった。豊作も重なり、1971年以降本格的な米の生産調整（減反政策）を行わざるを得なくなった。

一般的に、需要の拡大によって価格が緩やかに上昇していく中では、個々の農業経営者の経営判断によって作物を選択するのが前提であるべきである。

---

115. いずれの数値も、1960年は農林業サンセス、2018年は農業構造動態調査による。

しかし、選択的拡大政策の意味するところは、政府が選択すべき作物を決定しようとする考え方に他ならない。その最たるものが米政策である。米農家は自らの判断で経営戦略を決定できなかった。その結果、米の過剰に伴う減反政策は政府からの押し付けという認識を醸成することとなった。生産者のうち、減反を順守する者が多数を占める一方で、顧客のニーズを踏まえて売れる米づくりを行う者が誕生してきた。後者は売れるだけの米を作ろうとし、政府の決めた流通ルートに乗せず（あるいは乗せることができず）、やみ米＝自由米として販売することになった。

(4) 基本法農政の生産性向上の理念と農業政策と他の政策との関係
1) 生産性向上という理念

農業基本法における生産性向上とは、物的労働生産性を向上することによる製造業との格差是正を図ることを意味する。農業は生きた動植物の養育を本質とし、人はその客体の状況を観察した上でその成長を促すか抑制するかを判断することが基本となる。一方で、工業はいわば生命のない状態のものを人が加工していくことを本質とするものである。

また、需給と価格の調整の在り方についても農業と工業とは違いがある。農産物の需給と価格の調整は、セリや入札といった価格調整を通じた需給調整が基本である。一方、工業製品は、フルコストを織り込んだ価格水準を形成し得るように弾力的な供給調整を行うことができた。さらに、農産物は価格や所得の弾力性が小さいことから供給が需要を上回れば、価格が暴落する傾向がある。一方で、工業製品は弾力性が大きいことから、規模の経済を活用して価格を引き下げて需要の拡大を図るという戦略をとることが可能である。そういう違いを前提にすれば、仮に農業と工業の労働生産性の数値が同じであったとしてもその持つ意味は異なってくるのであり、比較する場合には労働生産性以外の要素を加味する必要がある。

しかし農業基本法では「農業を工業と同じような性格を持つものと考え、市

場効率性に基づいた農業部門に対する資源配分のパフォーマンスを評価しようとする」考え方であり、農業は工業と同じものだとの前提でいわば農業の工業化を目指す考え[116]であったといえる。なお、そこで目指した工業とはアメリカのフォードが採用していた「単品大量生産方式」ではないかと考えられ、農業に翻訳すれば「単作化と化学肥料＋農薬による労働生産性の向上」をめざすことにほかならなかったと考えられる。

> **参考** 労働生産性と土地生産性との関係について
> 労働生産性と土地生産性との関係を説明[117]する。
> 労働生産性とは、労働投入量（L）当たりの農産物生産量（Y）のこととされ、
> Y ÷ L ＝ Y／L　と表記される。
> 投下労働当たりどれほどの農産物を作り出せるかを示す指標のことである。
>
> 次に、土地生産性とは、土地面積（A）当たりの農産物生産量（Y）のこととされ、
> Y ÷ A ＝ Y／A　と表記される。
> 投下された土地当たりどれほどの農産物を作り出せるかを示す指標のことである。
> 　農産物の生産量は、一般的に、品種、栽培方法などに関係することから、土地生産性はBiological and Chemical な技術（＝BC技術）に関係する。
> 以上のことを前提に、労働生産性（Y／L）を以下のように展開してみよう。
> Y／L ＝　Y／L
> 　　　＝　（Y／L）×1
> 　　　＝　（Y／L）×（A／A）（1＝A÷A＝A／A）
> 　　　＝　（Y÷L）×（A÷A）
> 　　　＝　（Y×A）÷（L×A）
> 　　　＝　（Y×A）÷（A×L）
> 　　　＝　（Y÷A）×（A÷L）
> 　　　＝　（Y／A）×（A／L）

116. 宇沢弘文、前掲書、2000年、「第2章 農業と農村」を参照。
117. 生源寺眞一『農業と人間』、2013年、「第4章 農業の成長と技術進歩」参照。

A／Lとは、土地装備率といい、労働投入量（L）当たりの土地面積（A）のこととされ、限られた農業労働力の下でどれほどの広さの農地を耕すことができるかを示す指標のことである。

以上から労働生産性と土地生産性との関係は、
　　労働生産性　＝　土地生産性　×　土地装備率
と表記することができる。
　　上記の式から、労働生産性とは、土地装備率が高くなるほど、向上することを意味し、労働投入量を一定にして管理できる土地面積を広げるためには、一般的に機械を活用することが必要になることを意味する。以上のことから労働生産性は、Mechanicalな技術（＝M技術）に関係する。

2）農業政策と他の政策との関係

　　農業は、製造業と比較すると、土地集約型の産業であり、労働集約型産業である。土地や労働は、本源的生産要素と呼ばれ、価格メカニズムによってはかならずしも需給の調整が図れない性格のものとされる。それは、農業が地域の自然条件、歴史・文化によって強く影響されるものだからである。
　　したがって、農業政策は、地域の諸条件を踏まえて推進する必要がある。例えば、農業の規模拡大を図るためには、地域にある農地面積を前提にすると、農業をやめて地域を離れる農家がいればその余った農地を残った農家に流動化することになる。これが現実のものとなるのは、前述のとおり、挙家離村のような場合である。挙家離村が起こらず、農業部門から他の部門の職業に就くことができなければ農地の流動化は起こり得ない。したがって、挙家離村が起こらない場合に流動化を進めるためには、地域内の別の職業への誘導が必要になってくるし、その農家の生活が成り立つだけの所得水準が見込めるようにする必要が出てくる。つまり、農業政策を遂行するためには、地域における農業政策以外の政策も併せて展開していくことが必要なのである。

　また、農業基本法における構造改善事業は大規模専業農家育成路線で
あった。その実現のためには、農業部門における余剰労働が農村部から出て
いく必要があった。しかし、一方では国土総合開発計画の理念は全国的な工
場再配置をはじめとする雇用機会の創出を図ることであった。したがって、これ
らの政策を農村部で展開することになれば小規模零細な農家を兼業農家とし
て維持することにつながることになる。このような兼業農家創出政策は、農村部
における多くの農家＝国民によって支持されたのである。つまり、農業基本法の
大規模専業化路線のシナリオは、農村部の多くの人々にとっては非現実的なも
のであったのであって、規模拡大を図るのであれば、それぞれの地域の条件に
応じて農業部門から他部門への労働力の移動とその前提となる家計所得の
確保を図るための地域政策[118]が必要になってくるのである。

2. 食料・農業・農村基本法の制定（1999年）

　農家保護を通じて農村の貧困を解消することを目的とする農業基本法は、
零細な農業経営規模を拡大する農業構造の改善と需要の減少が見込まれる
作目から需要の伸びが見込まれる作目への転換によって農業の生産性を向
上させ、これを通じて貧困解消を実現することを企図するものであった。しかし、
実際には兼業所得の増大によって貧困問題は解消した。

　農業基本法を廃止して制定された食料・農業・農村基本法（1999年制定）は、
国民全体にとっての便益の向上を目的とし、具体的には食料の安定供給の確
保と農業・農村の多面的機能の発揮を農業の持続的発展を通じて実現するこ
ととし、その前提として農村の振興を図ることとしたものである。

　食料・農業・農村基本法という食と農をつなぐ制度の肝をなす法律では、効
率的かつ安定的な農業経営が農地の大部分を保有する望ましい農業構造を

---

118. 地域政策の在り方については、本書「第4章 食料システムの基盤を確保する農村・地域政策の在り方」を参照。

実現することを目標とし、農業基本法と同様に、大規模専業経営（＝労働生産性の向上＝農業の成長産業化）をめざすことに政策的重点を置き、その前提として拡張期と同様の想定を置いていたものと考えられる。

　すなわち、需要については、「人口構成は例がない高齢社会」の到来を前提としているとはいうものの、人口は「2007年にはピークに達しその後は緩やかな減少局面に移行する」とし、人口減少の影響を過小評価している。物価については何も語らず、したがって、デフレマインドの可能性もあるいは物価高騰の可能性も想定していない。さらにグローバル化と市場アクセスの改善＝市場開放の進展についても何も語っておらず、結果的にウルグアイ・ラウンド農業交渉の結果（現行国境措置の水準）が維持されることを想定[119]していたと考えられる。

　しかし、現実には拡張期（人口増加、物価上昇、経済成長）から収縮期（人口減少、物価下落、TPP・日欧EPAなどのメガFTAの締結、経済の停滞・衰退）へと食と農をつなぐ制度を巡る環境は大きく転換した。前提条件が大きく変わったにもかかわらず、食料・農業・農村基本法の路線を追求することは食料システムを脆弱にしてしまう恐れがあったのではないかと考えられる。

　すなわち、経営にとって不確実性が高くなること、コスト増加を価格に転嫁しにくい環境下にあること、一年一作を基本に価格弾力性・所得弾力性が相対的に小さい商品特性であることを踏まえると、大規模専業化路線を追求することは、食料の安定供給の確保も農業・農村の多面的機能の発揮も困難となり、そもそも農村の振興も見込めない状況に陥ったのではなかったのか。

　したがって、食料・農業・農村基本法の見直し検討に当たっては、まずは農業基本法における一律に大規模化を図る政策の妥当性が問われるべきだったのである。要すれば、拡張期から収縮期への転換の意味するところは、生きた動植物の養育を本質とする農業が地域の自然環境条件等に依存して発展するものであることを踏まえると、技術の標準化、労働の単能工化を前提とする大

---

119. 食料・農業・農村基本問題調査会答申（1998年9月17日）第1部食料・農業・農村政策の基本的考え方を参照。

規模専業経営の育成だけではなく、模倣困難な技能の構築、労働の多能工化を前提とする多様な農業経営の育成[120]を目指すことも求められていたのである。また、農業に関わる人材の在り方は多様な形態を許容し、各人材がおかれた条件下で主体的に経営の在り方を選択し得るようにすることが望ましいのではないだろうか。多様性こそ、環境条件の変化の方向が不確実であるときの選択肢である。

　また、農業の生産性向上に資する技術に関して言えば、農業人口の減少・高齢化の進行の下ではスマート農業の導入が期待されている。スマート農業とはロボット、AI、IoTなど先端技術を活用する農業とされるが、不確実な将来見通しの下で農業の本質を踏まえれば、それ自体は持続可能で強靭な経営を実現するという目標に対する手段にほかならない。したがって、高度な資本・技術の導入によって収益性が安定的に確保できることが想定されるとしても、その前提条件として不確実性の高い環境の下での経営力、見通し力、決断力等が備わっているかどうかが先決となることに留意すべきである。以上の点を踏まえてスマート農業の取組に関する考え方を整理すると以下の通りである。

　導入の前提条件としては、①人口減少はますます加速化すること、②財政・金融政策の転換は実態上難しく、現状の円安・物価高、賃金停滞、貿易赤字は当面継続する可能性があること、③農業経営面ではコスト上昇の一方で、価格低迷が継続する可能性があることから収益を確保することがむずかしい状況を想定せざるを得ないことである。

　以上の条件下でスマート農業を導入することについては、スマート農業は経営改善の手段であって目的ではないことを押さえる必要がある。また、生きた動植物を養育することが本質である農業は、地域の自然条件、環境条件、技術・技能条件に左右されるものであることにも留意する必要がある。

---

120. 神門善久『日本農業改造論 悲しきユートピア』、2022年、久松達央『農家はもっと減っていい農業の「常識」はウソだらけ』、2022年参照。

農産物の価格形成は、供給の弾力的調整によってフルコストの価格水準を維持し得る工業製品と異なり、農産物は需給の均衡を価格の変動（＝価格調整：セリ・入札）で調整する[121]ことを基本として、利益（＝収入（価格×数量）−コスト）の維持・向上を図ることが重要な課題となる。その場合、価格・数量については、その内容を定めた複数年契約を締結することが重要となり、これは取引相手との交渉力の問題であって経営能力に関係する。その上で、数量の安定・増加はスマート農業技術によることになるが、スマート農業における効率性の発揮には機械の稼働面積の確保に加え、対象となる農地が集団性を持っているかどうかが大きな要素となる。いわゆる分散錯圃をどの程度解消できているかの問題[122]である。

　次に利益を確保する上では最小コストを目指すことが重要であり、その場合でもいくつかの技術や生産方法を選択する判断力の醸成が重要となる。そうした判断を前提に最適な技術体系を選択することになる。最適な技術とは、投下した資本の減価償却費とその売上高との関係から、その組み合わせを判断することになる。以上の諸点を踏まえると、固定費がかさむ方向の技術よりも、売上高を伸ばす方向に作用するデータの収集・解析・課題解決をもたらす方向の技術（＝データ駆動型技術）を選択することが基本となるのではないかと考えられる。

参考 農業経営政策についての考え方

1）政府の関与（＝政策）の必要性

　農業は、価格の過度の変動が起こりやすく、所得も不安定化する傾向があることから、その結果として農業の成長を図るための投資や技術革新が起こりにくくなる。一方で、農産物・食料は、所得の向上につれて食の成熟＝需要の鈍化が起こり経済に占めるウエートが減少する傾向がある。また、農業部門の成長は、非農業部門の成

---

121. 市場と価格の関係については、森嶋通夫『無資源国の経済学−新しい経済学入門−』、1984年参照。
122. 農地の分散錯圃の解消については、第4章の3の「(4)農地制度の抜本的改革」を参照。

長に比べ、相対的に小さくなっていくため、農業部門では需要を上回る過剰生産に陥ることから過剰な生産をもたらす資源（例えば労働力）の移転を農業部門以外に行うことが重要な政策課題となってくる。

　以上の問題解消を市場メカニズムに任せるとした場合、長期にわたる時間と膨大な社会的コストがかかり、農業自体の成長が期待できなくなることに加え、所得格差の拡大などによる社会的不安定化も否定できないことから、政府の関与（＝政策）が求められることになる。

2）あるべき政策とはどのようなものか

　農産物価格の安定と所得格差の解消の観点から、これまでは①輸入を制限する国境措置（関税措置・非関税措置）、②市場価格への介入（価格支持政策）、③生産の調整（減反政策）などを行ってきた。しかし、具体的施策の在り方については、農業の「産業としての効率性」「資源配分上の中立性」の基準からその是非を検討して、講ずる施策の妥当性を検証することが必要となる。

　例えば、稲作経営の安定化を図る観点から講じてきた「米価政策」「生産調整政策」は、対象農家を一律に保護すること、価格メカニズムが働かなくなることから、資源の効率的配分に到達できない結果をもたらすとの指摘がなされている。市場メカニズムが機能するようにする観点からは、米価自体は需要と供給によって形成されるようにすること、過度の収入変動に対しては市場の外から補填する施策（例えば、不足払い、直接支払いなど）の方が適当であるといわれている。

3）導入するための条件整備

　以上を前提に、経営安定政策の対象となる経営はどうあるべきか。理念的には、リスクを計り、売れる条件（価格・数量・品質等）を確認してから、生産に取りかかる経営であること、必要に応じて素材である農産物の生産から消費者・実需者のニーズにかなった高付加価値な農産物・食品の生産に切り替えることが可能な経営であること、これを確実に顧客に販売していく経営であることにほかならない。これらの経営をマーケット・イン型経営と呼ぶと、具体的には農業部門に加工部門・販売部門を融合・専門業者との連携の形態 ＝ 6次産業化に相当するものといえよう。

　こうした意欲と能力のある経営者が十全に経営展開できるようにするために経営

安定政策を導入する前提条件（市場メカニズムの機能発揮）としては、将来への予測可能性を担保するものとして政府による情報公開、現物取引などの市場整備を通じてリスク分散・リスクヘッジを可能とすること、上意下達型政策（例えば、米の生産調整）を見直すことなどがあげられる。

ア　米の生産調整をはじめとする政府による需給調整政策の見直し

　経営者が需要に応じた計画的な生産を行うことは、経営の維持発展を図る上で必要な対応であり、その場合、最終的には経営者が需要をどのように見込むのか、それを踏まえてどの程度の数量を生産するのかは、経営者が自主的に判断すべき事項である。それに対して、国が関与する生産調整の場合では、生産数量の決定を最終的に国が行うことになることから、リスクを取って経営革新を行う企業者精神の醸成が損なわれる可能性があり、その点で国による生産調整は望ましくない。

イ　離農・転出を防ぐための「地域への定住条件」の整備

　地域への定住条件としては、一般的には生活・仕事・環境の改善・向上が考えられるが、農村地域においては、農業の振興とともに、他産業への就業機会の確保を図ることが、地域の活性化にとって重要な課題である。さしあたり、食料システムから見て関連する農産加工業の育成やエネルギー兼業が現実的であろう。ともあれ、農業分野への多様な経営の参入促進と農業経営の規模拡大を図っていくためには、地域への定住条件と農業部門から非農業部門への移転が可能となる条件を整備することが必要となる。

ウ　ボトムアップ・ネットワーク型体制への再構築

　農業に関する行政や試験研究、技術の現場への普及の在り方には、農業の特殊性を前提に農業以外の産業分野との連携に取り組むことが少なく、地域の自然条件を踏まえた行政、試験研究、技術の普及を展開するうえで国ー都道府県ー市町村の上意下達的な関係を重視する傾向がみられた。

　今後のあるべき姿としては、農業と農業以外の事業との交流を活発化し農業分野に農業分野以外の知見・経験を活用することを通じて、行政、試験研究、技術の普及分野における「プラットフォーム」「オープンイノベーション」という考えを取り入れて

いくことが適当である。これは、マーケット・イン型経営の発展に資する体制への転換を図ることにほかならない。

エ　経営の安定に資する方策の導入

長期的視点に立って経営改善を行うためには経営の安定が不可欠であり、それに資する方策として考えられるのは、例えば、

① 価格シグナルが経営判断の必要条件であることから、そのための環境を整備すること。その際、現物取引の条件を整備し、併せて先物取引の条件整備を図ること

② 超少子高齢化による人口の激減の恐れのある中で、

ⅰ　家族農業の持続可能性が危惧されることも踏まえ、農業経営の持続可能性の確保の観点から、家族労働に加え、雇用労働の確保に資する制度を整備することである。その場合、農業分野の世襲型経営継承に加え、第三者継承が円滑に行われる体制を整備することも必要となる。いずれにしてもこれまでのような地縁・血縁関係にとらわれず、「地域の農業の担い手としての矜持を持っている人」に経営をゆだねる方向も選択していかざるを得ない。その際、家族労働、雇用労働に加え、フリーランス型労働への対価（＝賃金）などの労働条件の適正化が重要な課題となる。

ⅱ　家族農業の持続可能性が危惧されることも踏まえ、農業経営の持続可能性の確保の観点から、農業経営の法人化、統合化を推進すること、農業法人の倒産の事態による農業資源の地域外への流出を防ぐ観点からの法整備を図ること（米国倒産法第12章を参考）などがあげられる。

3. 食料・農業・農村基本法見直しに盛り込むべき視点

2023年9月の食料・農業・農村政策審議会の最終とりまとめでは、ロシアによるウクライナ侵略や農業資源・エネルギー価格の高騰などを契機に、食料安全保障の重要性を基軸として現行基本法の基本理念を次のように再編する方向が示された。特に、食料の安定供給の確保を「国民一人一人の食料安全保障

現行法の基本理念 (*食料・農業・農村基本法)	基本理念の見直しの方向 (令和5年5月基本法検証部会「中間とりまとめ」)
(1) 食料の安定供給の確保	(1) 国民一人一人の食料安全保障の確立 　①食料の安定供給のための総合的な取組 　②全ての国民が健康的な食生活を送るための食品アクセスの改善 　③海外市場も視野に入れた農業の転換 　④適正な価格形成に向けた仕組みの構築
(2) 多面的機能の十分な発揮	(2) 環境等の配慮した持続可能な農業・食品産業への転換
(3) 農業の持続的な発展	(3) 食料の安定供給を担う生産性の高い農業経営の育成・確保
(4) 農村の振興	(4) 農村への移住・関係人口の増加、地域コミュニティの維持、 農業インフラの機能確保

筆者作成資料

の確立」に置き換え、その実現のため四つの方策を講じることも示された。第一は「食料の安定供給のための総合的な取組」、第二は「全ての国民が健康的な食生活を送るための食品アクセスの改善」、第三は「海外市場も視野に入れた産業への転換」、第四は「適正な価格形成に向けた仕組みの構築」である。

　また、多面的機能の十分な発揮は、環境に配慮した持続可能な農業・食品産業への転換へ、さらに、農業の持続的な発展は、食料の安定供給を担う生産性の高い農業経営の育成・確保へ、最後に、農村の振興は、農村への移住・関係人口の増加、地域コミュニティの維持、農業インフラの機能確保へ代えることを提案している。

　こうした審議会の最終とりまとめで示された論点を踏まえつつ、本書で論じてきた食料システム論の観点から新たな基本法に盛り込むべき視点を提示していくこととしたい。

(1) 食料システムにおける食料の安定供給の確保
1) 人口減少と貿易収支の赤字定着に対する食料自給率の向上
　まず、第一の視点は、残念ながら明示的に述べられていないが、食料自給率は、基本的に向上を図ることが重要であり、その手段は国内生産の増産である。

国民一人一人の食料安全保障を実現するための四つの方策のうち、第一の「食料の安定供給のための総合的な取組」については、国内農業生産の増大を基本としつつ、輸入の安定確保や備蓄の有効活用等も一層重視するとしており、基本的には現行基本法の考え方[123]を踏襲している。つまり、「国内消費＝国内生産＋輸入＋備蓄」という関係を前提にした考え方である。

　そもそも「国内生産＝国内消費向けの国内生産＋輸出向けの国内生産」という関係が成立している。日本の場合は、内外価格差の存在などのために最近まで輸出向けの国内生産はほとんどゼロであったことから「国内生産＝国内消費向け国内生産」という関係であったと言えよう。

　しかし、近年は輸出振興策の効果や円安の効果もあって輸出額が伸びており、今後は国内消費が人口減少などに伴い減少基調を強める一方で、輸入食料の価格の高止まりや一層の円安の可能性を考えれば、食料安全保障の観点から国内生産の増大は必須要素である。そのことに加え、貿易収支の赤字基調が定着する可能性がある中では、食料自給率向上の為にも人口減少による国内市場の縮小が見込まれることを踏まえ輸出拡大の必要がある。つまり、国内生産増大には、「縮小する国内消費向けのもの」に加え、「拡大が見込める輸出向けのもの」への取組が不可欠である。したがって、国内消費の考え方として、「国内消費＝国内生産＋輸入－輸出＋備蓄」と、輸出を明示すべきである。それによって、第三の方策である「海外市場も視野に入れた農業への転換」が、国内農業生産の増大とつながるとともに貿易赤字の増大を防ぐことに結びつくことが明らかになる[124]。

---

123. 食料・農業・農村基本法第2条第2項 国民に対する食料の安定的な供給については、世界の食料の需給及び貿易が不安定な要素を有していることにかんがみ、国内の農業生産の増大を図ることを基本とし、これと輸入及び備蓄とを適切に組み合わせて行わなければならないものとする。なお、食料の安定供給の確保にとって重要な要素である優良農地の確保の在り方、不測時の食料安全保障の在り方については、補論2の(7)を参照。

2) 効率性からのジャスト・イン・タイムからレジリエンス（強靭性）・
リダンダンシー（冗長性）への転換

　次に、国内供給の安定性を確保するには、生産から加工・流通・消費に至る各ポイントとなるところで必要な在庫を持つことであり、その状況を情報として常に把握しておくことである。これは、食料システムの冗長性（リダンダンシー）の確保の前提条件である。

　また、国内消費に対応する食料供給は、輸入が減少した場合に、まず備蓄の放出で対応し、それでも不十分な場合には輸出に仕向けられる予定の国内生産から国内消費向けに転換することによって、機動的・弾力的な対応を可能とするものである。これは、効率性の観点からのジャスト・イン・タイムの考え方（在庫は極力持たないこと）からリダンダンシー（冗長性）の考え方（在庫はリスクを織り込んだ水準を確保すること）への転換を明確にすることに他ならず、国内供給がより強靭（きょうじん）になることを意味する。

　つまり、国民一人一人の食料安全保障の確立を国民に約束することは、食料の安定供給のための総合的な取組に輸出を明示的に位置付け、国産農産物の増産と必要な在庫の確保を含む食料システム全体の強靭性を確保することにほかならないのである。

　第二の方策である「全ての国民が健康的な食生活を送るための食品アクセスの改善」についてである。これは、「全ての人が、いかなる時にも、活動的で健康的な生活に 必要な食生活上のニーズと嗜好を満たすために、十分で安全かつ栄養ある食料を、物理的にも社会的にも経済的にも入手可能」（FAO食料サミットにおける定義）であることを踏まえれば、「健康的な食生活を送るため

---

124. 農産物・食品の輸出については、必ずしも国産農産物を原料としない食品生産のウェートが高いことに留意すべきであり、食料安全保障の観点からは、国産農産物の輸出拡大目標と関連施策体系を明確に示す必要がある。農林水産物・食品の輸出に関する統計情報は農林水産省（農林水産物・食品の輸出に関する統計情報：農林水産省（maff.go.jp)。なお、食料自給率については、本章の参考2を参照。また、窪田新之助・山口亮子『誰が農業を殺すのか』、2022年、新潮社の「第二章　農産物輸出5兆円」の幻想」では輸出すべきは農産物より知的財産と主張する。また、岩崎邦彦「経営のツボ④」、2023年11月22日日本農業新聞では、高糖度トマト「アメーラ」の欧州輸出について日本から輸出するのは「トマト」ではなく、日本で培った「生産技術」と「ブランド戦略」と主張する。

の食品アクセスの改善」とは「活動的で健康的な食生活に、必要な生活上の
ニーズと嗜好を満たすために、十分で安全かつ栄養の在る食料を、物理的にも
社会的にも経済的にも入手可能」であることが前提となってくる。

　単に量的に十分であり、安全性が確保されているレベル（活動的で健康的な
生活）だけではなく、食のおいしさを通じた満足感、出汁をはじめとした食文化
を感じた際の悦びも含まれていると考えるべきであろう。そう考えると食料システ
ムの重要な要素である食料産業を農業〜加工・流通〜消費と説明するだけで
は不正確かもしれない。消費の中には当然「調理」が含まれているのであって、
それが外部化してきたことが食料システムを形成する重要な要素であることに
加え、FAOの食料安全保障の定義を正確に理解すれば、「調理工程」を位置
付けるべきであろう。

　調理工程には、管理栄養士や調理師などの専門職の人々が含まれるので
あって、こういう人たちの参加がなければ「必要な生活上のニーズと嗜好」を満
たすことはむずかしいことになる。こうした視点に立てば、食料システムの持続
可能性の観点からは、地域の農畜産物の生産や流通に携わる人々、地域の農
畜産物を基盤とした食品加工業に従事する人々、そして調理・栄養に関する
専門職の人々の育成も重要な課題となってこよう。

　また、国民一人一人の食生活の現状とともに、食料システム全体の現状につ
いて、関係する情報を把握し、データサイエンスをはじめとする先端的な技術を
活用して必要な分析を行い、分析・解析した結果を広く公表していくことが重要
となる。その上で、政府の各機関が連携して、全ての国民が健康的な食生活を
送るための食品アクセスの改善に必要かつ十分な政策を展開していくことを国
民に明らかにすべきだろう。この点は、食料システム全体で適正取引を担保す
る仕組みにも関連する。

3）公共財としてのトレーサビリティの導入・維持・管理と司令塔機能の発揮
　全ての国民が健康的な食生活を送るための食品アクセスの改善に必要か

つ十分な政策には、平時における対応の在り方のみならず、日常的なデータの収集・分析・解析を通じて、非常時への兆しをチェックし、必要な情報（分析・解析したものを含む）を食料システムのステークホルダー（食料の生産・加工・流通・消費に関わる利害関係者など）や政府の各機関に提供し、在庫・備蓄の放出、輸出向け国内産を国内消費用への転換、国内生産の増産等の取組（食料システムのステークホルダーが緊急事態に遭遇した場合における事業継続計画（BCP）の策定を含む。）を促していくことも含まれる。

　農産物・食品の需給及び価格については、農産物の生産（供給）は気象条件などによって大きく変動するのに対して、農産物・食品の消費（需要）は相対的に安定的に推移すると考えられる。したがって、農産物・食品の需給及び価格の実績と将来予測に関して、必要にして十分な質と量の情報（信用性・公正性・妥当性の観点から必要かつ十分なデータの設計・収集・分析を行ったものを指す）が確保され、関係者にその情報などが適切に提供されれば、関係者の合理的な行動変容を期待できる。

　実は、こうした情報の収集・分析・提案はアマゾンやグーグルなど巨大なプラットフォーム企業がすでに行っているところであり、その結果として情報独占の懸念から競争政策上の対応が世界的にも試みられている。そうした状況を踏まえれば、情報のネットワーク基盤及びビッグデータの解析能力については、国レベルが関与しなければ確保できない。

　以上のような状況を踏まえると、必需性の高い農産物・食品の価格については、その公正な価格形成は公正な競争条件の成立を意味していることから、政府の一定の関与が正当化される。具体的に言えば、政府が公共財としてのトレーサビリティ（履歴管理）の導入・維持・運営に関する司令塔機能を果たすことである。

　公共財としてのトレーサビリティとは、農産物・食品の需給及び価格等に関する商流（カネの流れ）・物流（モノの流れ）に関わる情報を把握すること（必要な情報の収集・分析・解析・公表に関する権限を付与されていることを含む。）に

よって、食料の質的安全（リスク分析）が担保されることに加えて、量的安全（国民一人一人の食料安全保障の確立）が担保されることを意味する。その得られた情報は、平時における政策立案の前提条件となるとともに、非常時における政策決定の判断材料となるものである。こうした公共性を有するものであることから、公共財として必要となるコストは国民全体で負担すべきことを意味する。

4）適正な価格形成の在り方

　第四の方策である「適正な価格形成に向けた仕組みの構築」については、「その（適正な価格形成の）実現に向けて、課題の分析を行いつつ、フードチェーンの各段階でのコストを把握し、それを共有し、生産から消費に至る食料システム全体で適正取引が推進される仕組みの構築を検討する」としている。ここでは、食料システムの定義は、2021年の国連食料システムサミットにおける定義（前述）を参照している。

　食料システムについては、みどり戦略や食料・農業・農村政策審議会の最終とりまとめにおいても明確な考え方が示されていない。第1章でその考え方を示したところであり、要約すれば、食料システムは、食料産業の形成を前提に、公正な競争を通じて合理的な水準に価格を形成する市場メカニズムによって駆動するものである。しかしながら、取引の上流部と下流部の関係から情報の偏在などによって公正な競争条件が失われると、食料システム全体が機能不全に陥ってしまうことから、政府による「食と農をつなぐ制度」（例えば競争政策と産業政策の連携など）で補完することが必要になってくるのであり、そのことを通じて、生産から加工・流通を経て消費に至る適正取引が担保されると説明した。

　つぎに、食料システムにおける食料の価格形成の在り方については、前述のとおり、工業製品と農産物とでは同じではない。工業製品の場合は、少数の事業者による資本集約的な生産方式であることから、一般的にコストを積み上げた水準（フルコスト原則）で形成されるように、機動的かつ弾力的に数量を調整しようとする。これに対して、小規模・零細な多数の生産者による土地集約的・

労働集約的な農業においては、農産物の生産は想定される需要に対して1年前からの種苗の確保に始まり、春先の作付け段階でほぼ生産量が概定することになる。その後の気象条件による生産量の変動に対しては、工業製品のように調整することはできないため、出来秋時点でセリや入札といった価格調整方式を通じて需給均衡を図ることになる。

　農業が需給均衡の達成を価格調整によって行わざるを得ないのは、工業とは異なり生きた動植物を養育するという農業の本質に規定され、人が完全にコントロールできるものではないこと、生きる上での必需品ではあるものの人の「胃袋の大きさ」に規定され、人口減少に伴う需要減少に対してはわずかな増産でも価格暴落が起こりがちであることに起因している。

　したがって、農業における価格形成の在り方を転換する必要があるのだが、そのためには、家庭内での需要が生鮮品から加工食品へ転換していることに対応して、食品製造業者等への加工品用に計画生産を促進すること、保存・保蔵機能を確保すること、事業者の求める定時・定質・定量・定価の出荷体制を確立するなど、マーケット・イン型の経営に転換することが必要になってくる。

　そうしたことを前提に、出来秋時点の需要者に対して、春の播種（はしゅ）期に価格と数量を明記した契約（先渡し取引で、出来秋時の価格形成の在り方を決めておくフォーミュラ・プライシング方式）の締結に加え、先物取引によって出来秋時のリスクを事前にヘッジする方式を導入することが考えられる。

　そもそも、消費者にとっての適正価格とは、その商品によって得られる満足感（効用）としての価値に相当する支払い上限額（A）を意味する。生産者にとっての適正価格とは、生産コストに適正利潤を上乗せした水準であって、いわば受け取り下限額（B）を意味する。

　以上の関係にあることから、消費者と生産者の利害は必ずしも一致しない。仮に、消費者にとっての適正価格（A）が生産者にとっての適正価格（B）と同額か、またはBを上回るのであれば、両者の適正価格が一致する可能性はある。しかし、AをBが上回るのであれば、両者の適正価格が一致することはない。

　仮に輸入資材や燃料などの価格高騰という生産者の責めによらない理由によって、生産者の適正価格が上昇した場合、消費者がその点を理解（同情）したとしても、賃金上昇が消費者物価上昇に追い付かず実質所得が下落している状況においては、生産者の期待する適正価格の水準で消費者が購入することはできないだろう。

　しかし、現状はまさにそうした事態にあると考えられることから、政府の関与が求められている。まずは、マクロ経済政策等によって消費者の将来見通しを改善し、供給サイドのコスト増部分を消費者に転嫁し得る状況を創り出すことが必要である。それとともに食料システムにおける上流側と下流側との公正な競争条件を前提にコスト増部分の適正な転嫁ができるようにする必要がある。人口減少による国内市場が縮小していく中で産業振興を図る農林水産省をはじめとする政策当局は、競争政策を担当する公正取引委員会との間で、いわゆる消費者利益と事業者利益とからなる社会全体の利益の確保を前提に、食料システムが機能し得るよう、上流側事業者と下流側事業者との利益の配分の在り方について調整を行っていくべきである。こうした調整には時間を要する可能性があることから、国民一人一人の食料安全保障の確立のために持続可能な食料供給体制の維持が必要と判断されるのであれば、価格形成の手法が機能するのを待つことなく、農業経営安定のためのセーフティーネットの仕組み（例えば先渡し契約の締結の促進、先物取引制度の整備、直接支払いの導入）を検討すべきである[125]。

（2）食料システムにおける地域分散・
　　小規模分散ネットワーク型経済構造の構築

　地域分散・小規模分散ネットワーク型経済構造を構築する上で、第4章の食料システムの基盤を確保する農村・地域政策の在り方において、その考え方を

---

125. 競争政策と産業政策の連携の在り方については脚注18、農協の競争政策における役割については第1章の4の参考
　　　農業協同組合制度の在り方と競争政策との関係、直接支払いの導入については脚注63参照。

明らかにした。

1) 農村・地域政策と新しい土地利用制度の創設

　まず、農村地域が農業をはじめ関連する多様な産業の集積と関係する多様な住民の交流・居住の場となっていくこと、地域の農業と関連する産業の立地・集積を通じて、農業・食料産業の効率性・持続可能性の増大・確保と定住人口・関係人口の確保・増大に努めていくことが必要であり、そのような重要な政策課題へ対応する新しい農村政策を構築していく必要があると指摘した。その上で、内発的発展を前提に、地域経済の循環構造を構築することが重要であることから、食料産業と他の産業分野の土地利用の整序化を図れるようにし、その上で農地の分散錯圃の解消と効率的かつ効果的な利用が担保し得るように農地制度の抜本的改革を行い、新たな土地利用制度を構築すべきである。

　このため、農村政策と地域政策を効果的かつ効率的に推進するために、両政策分野を融合させて農村・地域政策へ再編していくべきである。その上で、こうした新しい農村・地域政策の効果的な展開を担保する前提条件として新たな土地利用制度を構築すべきである。

　すなわち、農地制度、都市計画制度などの土地の利用に関する制度は、基礎自治体の権限とすることを明確化し、一定のエリア（例えば基礎自治体の区域の範囲）を対象に長期的な土地の有効利用を図る観点（いわゆる「まちづくり」）から土地利用などに関する計画を策定し、それに基づき開発を規制し、望ましい土地利用へ誘導するシステムに切り替えることとする。

　仮に国の制度の統合に時間を要するようであれば、次善の策として、関係する法律は縦割りのままとするとともに、土地の所有・利用の規定の在り方は大枠的・概括的な内容に切り替えることとし、制度の詳細は基礎自治体の条例で規定する方向に改めること。その上で、基礎自治体は当該自治体のおかれた自然的・社会的・歴史的・文化的条件を踏まえて、土地の所有・利用に関する規制制度の具体的内容を策定する。その場合、その策定の過程においてとるべき

地域住民の意見の反映の在り方について必要な場合の住民投票の扱いなどの手続きを条例で規定することとする。

2) 農地制度の抜本的改革

このような土地利用制度の改革を前提にすれば、農地制度における農地から非農地への転用に関する許可制度は、この新しい土地利用制度の下で農地を含むすべての土地の計画的利用が担保されることになることから、この制度に統合（あるいは吸収）することとする。

また、農地制度における農地の所有・利用の移転に関する許可制度については、次の法体系に切り替えることとする。

まず、新たな農地制度を構築するにあたり、日本農業にとって最大の桎梏ともいえる「分散錯圃」の現状を打開して効率的な農業経営に農地の集積・集約を図っていくとともに、地域の諸条件に応じて多様な主体が多様な形態の農業を展開できるようにすること、例えば企業による巨大なメガファームが存在できるようにし、また、規模は小さくともまねのできない高度な技能を駆使した特色のある家族経営が展開できるようにすること、あるいは生物の自然循環機能の発揮を基本とする農的な暮らしを維持することなどを目的に次の制度を構築する。

例えば、農地の所有権には、国民一人一人の食料安全保障を確立する観点から、農地を農業的に利用する法律上の義務を課すこととし、所有者が農業的利用をできない場合には第3者にその利用する権利を設定する義務があることを、また、農地を利用する者は農業的に利用する義務を負うことを明らかにする。

そのことを前提に、地主（農地の貸し手）が公共部門（例えば、基礎自治体）に対して利用権を設定することができるようにする。その際、公共部門は、分散錯圃状態を改善する上で必要があれば一定の手続き（例えば、一定の区域を限って利害関係者の意見を聞いて地域指定を行うこと）を経て、地主に対して公共部門への利用権設定を指示することができることとする。こうした措置に

よって、一定の面的に集約され利用権が設定された農地を対象に、別に定める
「農地利用計画」(例えば、新たな土地利用制度に基づいて、地域指定がなさ
れた地域内の農地の農業的利用について、利害関係者の意見を聞いて策定
されたもの)に基づいて、公共部門から農地利用希望者に転貸することとする。
その場合の利用権とは、現行の利用権のような一定期間が到来すれば当然に
消滅するという権利ではなく、法定更新を原則とすることによって転貸された借
り受け主体が長期的視点に立って土地改良投資等に取り組めるようにする。

(3) 食料システムのグリーン化の構築
1) 食料システムにおける再生可能エネルギー増産への貢献
　食料システムにとって、化石エネルギーは肥料・農薬・燃料などの生産資源
に関わるもので、効率性向上の要素である。また、農業・農村の現場は、食料生
産と生態系サービスとの調和を図りつつ、農業・農村の多面的機能の発揮が
期待されるものである。さらに、再生可能エネルギー生産の場を提供することは、
化石燃料価格の上昇が見込まれる中で再生可能エネルギーが増産されること
を通じて、エネルギー自給率の向上と地域経済の安定・向上に資するとともに、
その稼いだ所得の地域内循環を通じて持続可能な成長を実現することにつな
がる。
　また、原子力発電との関係では、ほとんどの発電施設が人口の希薄な農山
漁村という食料システムにおける食料生産のメインフィールドに立地されており、
生産された電力は主に人口稠密な都市部で消費されているという特徴がある。
その上で、日本の原子力発電政策は、高速増殖炉(もんじゅ)の導入と再利用
施設(青森県六ケ所村)の整備からなる核燃料サイクルを前提に、これによって
得られた原爆の材料ともなるプルトニウムを準国産と位置付け、エネルギー自給
率向上を名目に発電所の立地を奨励してきた。
　しかし、もんじゅは2016年に廃炉が決定され、再処理工場はいまだ完成して
いない現状にあるので、原発による自給率向上は望み難いと考えるべきだろう。

加えて原発の稼働により累増する使用済み核燃料は、人がほとんど即死するほどの強い放射線を出しており、各地の原発でプール保管という不安定な状況に置かれている。

　大規模震災、テロ行為などの事件・事故が起これば、重大な事態による深刻な被害が地域住民の生活に、そして地域の産業である農業を起点とする食料産業全般に対して、発生することになる。その上、地域の食料に対する風評被害が発生するおそれもある。

　加えて、使用済み核燃料のうちガラス固化体については、政府は人体に影響の出ない状態になるまで相当に長期間にわたり安全な場所[126]（地下300メートル以上の地層）に保管する「深地層処分」という方法で処理することとしているが、最終処分場の見通しは全く立っていない状況にある。

　したがって、まず今そこ・ここにある使用済み核燃料の安全な保管の在り方を含め、ガラス固化体の最終処分の在り方について国民的コンセンサスづくりに政府は主導的役割を果たすべきである。その際に心得るべきことは、原発による電力が広く全国民が受益している一方で、原発が立地されている特定の地域住民が立地に伴うさまざまな負担を負っているという状況を正確に把握することが重要である。その上でこのような負担と受益のアンバランスについて適正に調整する仕組みを講じる必要がある。いずれにしてもこうした問題については、関係する全ての情報を公開し国民への説明責任を果たすべきである。

2）食料システムが脱炭素化を実現するための担保措置の在り方

　これまで検討してきたグリーン成長戦略、GX実現に向けた基本方針、みどり戦略については、EUのグリーンディールと比べ、具体的な政策の費用対効果の分析がなされていないこと、経済・社会へのインパクト分析がなされていないこ

126. 深地層処分の安全性については、脚注105参照。
127. カーボンプライシング措置については、脚注104参照。
128. EUの「炭素国境調整メカニズム（CBAM）」の導入については、脚注106参照。

とから、かなりの補強を加えないとこれらの政策を実施したからと言って脱炭素を実現することにはならないだろう。

　食料システムについては、食と農をつなぐ制度・政策のグリーン化を行うことを通じて、持続可能な食料システムに転換することが必要である。その場合、EUのグリーンディールにおけるカーボンプライシング措置の在り方に学び、前述のとおり、みどり戦略のバージョンアップを図り、食と農をつなぐ制度として炭素税、排出量取引などのカーボンプライシング措置を導入[127]していくべきであろう。その際、国内の生産・流通・消費がグリーン化することを前提に、特に輸入される農産物・食品については、日本の食料システムにおけるグリーン化との関係で必要があれば、国境での調整を行うことも検討する。また、EUの「炭素国境調整メカニズム」の導入[128]についても併せて検討する。

　このようなカーボンプライシング措置は、価格メカニズムの作用によって、輸入資源の依存を減らし、第4章で述べた新しい土地利用制度は農地制度の抜本的改革と相まって、国内生産力の増強をもたらすことになり、これらを通じて、エネルギー自給率の向上と食料自給率の向上をもたらし、食料システムのグリーン化を実現することになるものと考える。

　なお、2023年12月27日に食料安定供給・農林水産業基盤強化本部（第6回）が開催（食料安定供給・農林水産業基盤強化本部（第6回）議事次第（kantei.go.jp））され、食料・農業・農村政策の新たな展開方向に基づく施策の全体像（図・表26）が示されたほか、食料・農業・農村基本法の改正の方向性、不測時の食料安全保障の強化のための新たな法的枠組みの創設、農地の総量確保と適正・有効利用に向けた農地法制の見直し、食品原材料の調達安定化を促進するための新たな金融・税制措置の整備、スマート農業を振興する新たな法的枠組みの創設、食料安全保障強化政策大綱の改訂などに関する資料が公表された。これらに沿って、岸田文雄政権は2024年通常国会に基本法改正法案をはじめとする関連法案を提出する。国権の最高機関である国会の場で与野党による活発な議論を通じてより良い制度・政策が構築されるこ

とを期待したい。そのためには、政府案に対して、食料システムにおける農業者、消費者をはじめとするステークホルダーの意見の表明が必要であり、また、関係する研究者、学会、シンクタンクの見解表明等が行われることが必要不可欠であると考える。

図・表26

＜補論1＞農業・食料の貿易政策の在り方

（1）ウルグアイ・ラウンド農業交渉以前の時期

　太平洋戦争の終了後の復興過程の最終局面、日本は1955年に「関税と貿易に関する一般協定（GATT）」に加入することが認められた。まさに、戦後復興期から高度経済成長期への切り替わりの時期にあたる。続いて1961年には「貿易為替自由化計画大綱」を策定したが、同年はくしくも農業基本法の制定時期にあたる。貿易自由化の基本方針は、「当分自由化が困難なもの」を除き、貿易自由化を進めることが確立された。その後、1964年には経済協力開発機構（OECD）に加盟するとともに、国際通貨基金（IMF）8条国[129]へ移行した。

　これは、日本の経済体制を開放体系へ移行することを国際的に約束したことにほかならない。農業に関して言えば、当時は高度経済成長下で農産物需要が着実に増大している時期であり国内農業総生産の拡大の余地が大きかった時期である。つまり国内生産を増大しつつ貿易自由化による輸入の増大を図ることが両立し得た、ある意味で幸せな時代であったといえる。

　当時の貿易収支は1960年代後半から完全な黒字基調（輸出額が輸入額を上回る状態）となった。輸出品は、綿製品（軽工業品）から、次第に鉄鋼、アルミニウムなどの素材、船舶、乗用車、テレビなどの機械工業品に移行し、やがて乗用車、パソコン、VTRなどの電気製品が主流となり、半導体の競争力が強まっていった。その結果、米国の対日貿易収支の悪化は続き、米国から日本に対して、①貿易自由化の一層の実施、②円の変動相場制への移行（＝円高）、③輸入の増大による「ドル減らし」という強い要求が出されるようになった。米国からの要求に対する当時の国内情勢を見ると、経済界からは輸出産業に大きな影響を与える変動相場制への移行については固定相場制の維持に固執し、対米

---

129. IMF8条国とは、IMF加盟国のうちで、IMF協定第8条の規定に基づき為替制限を撤廃した国のことで貿易など経常取引の支払いを制限しないことなどの義務を果たさなければならないこと。

ドル減らしのための輸入増大を図るとの観点から農産物の自由化を行うべしとの意見が大勢を占めた。日本農業は重要だから守れという農業界の主張は少数派であったが、これは経済に占める農業の地位が著しく低下していたことを反映したものであった。

　そうした状況下、1971年8月には米国ニクソン大統領による「新経済政策」（ニクソンショック）が打ち出された。内容は、①金とドルの交換停止（➡これは、固定相場制（1ドル＝360円）から変動相場制へのきっかけとなる）、②10%の輸入課徴金の賦課、③30日間の賃金物価の凍結等からなっていた。その後、同年12月には、先進10か国による通貨調整についての合意（スミソニアン合意）によって、円の対ドルレートは360円から308円へと切り上げられた。また、1972年2月には貿易問題についても日米間の一応の決着が図られた。しかし、スミソニアン合意は長続きせず、1973年に入ると先進国は次々と変動相場制へ切り替わっていった。

　農産物自由化を図れという論調の背景には、この時期コメの過剰が顕在化していたことがあった。その一方で、戦後の食料供給に果たしてきた日本農業への「ありがたみ」が一気に薄れていった時期であることがあげられる。さらに、貿易黒字の累増から日本の製造業に対する自信もあって、経済界の一部からは「日本農業撤退論」が公然と語られるようになった時期でもあった。「金さえあれば、いくらでも食料は買える」という発想に立った発言とも言えた。

　農業外からのこのような強い圧力もあって、農林水産物の輸入制限を緩和する方向をとることになっていく。すなわち、農産物の輸入制限品目については、徐々に輸入制限の撤廃＝自由化を決定することになった。すなわち、輸入制限品目73品目を最終的に22品目までに縮小するというものであった。この決定にあたり農林省は「これ以上の自由化は困難である」と表明した。経済界等からは、時代の変化を理解せず国際的感覚に乏しい頑固な態度だとの批判が出た。

　農産物に関する当時の基本方針は、国内で供給できるものは国内生産で賄い、輸入に依存せざるを得ないものは輸入で賄うというものであり、そのため輸

入制限措置や高関税という国境措置の維持が前提という考え方であった。ここには、輸入の自由化＝輸入制限の撤廃を行う一方で、別途国内農業保護の方策を探るという考え方（例えば、関税引下げ（＝消費者負担の軽減）の一方で直接支払い（納税者負担）による保護への切り替えなど）は、農林省だけでなく経済界からもみられなかった。なお、こうした農業保護の在り方を抜本的に転換する考え方は、後述するウルグアイ・ラウンド農業交渉でECの取った戦略ではっきりと示されるのであった。

　当時の米国の対日貿易赤字の縮小のための日米農産物交渉は、GATT東京ラウンド交渉（1973〜1979年）においても主要テーマとして行われ、特に米国から牛肉・オレンジ等の自由化が強く要求された。国内からは、輸出促進の経済界が農産物市場開放を主張するだけでなく、民間大手の労働組合も、石油危機後の安定経済成長期への転換に伴い賃金上昇が抑制される時期となったことから、農産物自由化を主張するようになる。輸入自由化による国内食料品の価格低下によって実質賃金アップを実現しようとする考えを反映するものであった。東京ラウンドでの日米農産物交渉では米国産牛肉の輸入割当枠の拡大によってとりあえずしのいだものの、牛肉・オレンジ等の自由化要求に抗しきれなくなって、1986年から始まったウルグアイ・ラウンド農業交渉の中で、最終的に1988年に自由化することで決着した。

　1975年から始まった主要先進国首脳会議（サミット）[130]に対して、日本は、世界経済の成長を支える世界第2位の経済大国として、また、アジアを代表する国として参加した。その当時の世界経済が2度の石油危機と変動相場制の影響で景気後退からの脱却が重要なテーマと位置付けられる中で、円の切上げ、成長目標の実現を国際公約として受け入れるとともに、国内の政策をそれに合わせて調整する必要が生じてきた。

---

130. 第1回主要先進国首脳会議（1975年11月フランス・ランブイエ）の参加国は、米国、英国、フランス、イタリア、西ドイツ、日本の6カ国。第2回の首脳会議（1976年6月米国・サンファン）で6カ国にカナダが参加し、7カ国（G7）。第24回の首脳会議（1998年5月英国・バーミンガム）でロシアの参加により8カ国（G8）。第40回の首脳会議（2014年6月ベルギー・ブリュッセル）ではロシアのクリミア編入に対して参加資格停止により、参加国は7カ国（G7）。

(2) ウルグアイ・ラウンド農業交渉（1986〜1994）

1）交渉の概要

　ウルグアイ・ラウンド農業交渉が開始された経緯としては、1980年代に米国とEC（欧州共同体（当時））との間で、過剰農産物の処理のための補助金付き輸出が増大し、その結果、過剰農産物の輸出で国際価格が大幅に下落し、両国とも農業予算の増加による財政赤字の膨張という問題が起こった。こうした事態に対して、米国・ECともに非農業部門から財政赤字削減の圧力が強くかかってきた。このような問題を解決するために、1986年9月にウルグアイのプンタ・デル・エステで開催されたGATT閣僚理事会において、米国・EC等農産物輸出国の意向を反映したウルグアイ・ラウンド農業交渉開始宣言が採択された。その基本的な考え方は、「農業貿易の一層の自由化の達成並びに農業貿易に影響を及ぼすすべての措置を『新しいGATT規則及び規律』の下に置く」ことを目標に「輸入障壁の軽減を通じて、市場アクセスの改善を図る」こと、「農業貿易に直接または間接に影響を与えるすべての直接または間接の補助金並びにその他の措置の使用に対する規律を拡充することにより、競争環境を改善する」こととされた。

　交渉における主要プレーヤーの主張としては、米国は、1989年10月段階から、「すべての非関税措置を関税化し、これを関税割当に代え、その関税を10年かけてゼロまたは低率に引き下げるべき」と主張していた。ECは、1992年の共通農業政策（CAP）改革案をまとめてからは改革案と両立する自由化となるよう戦略的・積極的な攻勢をかけてきた。

　それに対して日本は、この宣言について、食料安全保障の思想や農業の持つ自然環境保全（「外部経済効果」）への配慮がみられず、食料輸入大国としての日本としてはそもそも交渉の基本フレームに問題のあるところと認識していたことから、農業の持つ公益的機能（＝多面的機能）の維持の観点から保護の撤廃はできない旨の主張を繰り返していた。

　1989年4月の貿易交渉委員会（TNC）における中間合意では、交渉における

長期目標は「農業の支持・保護の相当程度の漸進的な削減」とされ、対象となる措置は「農業貿易に影響を与えているすべての措置」とされる一方、交渉において「食料安全保障のような貿易政策以外の各国の関心事項」(非貿易的関心事項)に考慮を払うことと位置付けられた。

　その後、1991年12月にダンケル事務局長から「最終合意案」が提示された。それは、輸出補助金・国内支持(国内補助金)・市場アクセス(輸入制限措置)に関する対応方針を示すものであった。「輸出補助金」と「国内支持」は一定程度の削減を求めるのに対して、「輸入制限措置」はすべて関税に置き換える「包括的関税化」を義務づけていた。これは、輸出国が有利な内容となっており輸出国と日本のような輸入国とのバランスを失していることから、日本としては受け入れることはできない旨コメントした。なお、「米の国境措置を「関税化」することは、国家貿易措置が維持できなくなり、食管法の根幹(食管法第3条『米生産者の政府への米の売渡義務』)を維持することができなくなる」ことからも、強く反対する旨表明していた。

　最終的には1993年12月に「ドゥニ調整案」が示され、そこには「包括的関税化の特例措置」を導入することとされていた。これは、当時の塩飽二郎農林水産審議官が米国農務省オメーラ交渉官との交渉(1993年7月〜10月)によって合意されたものを「ドゥニ調整案」の形で各国に提示(11月29日)したものであった。最終的に日本としても受け入れた(12月14日)結果、ウルグアイ・ラウンド交渉は決着した。なお、「国家貿易措置」は、輸入制限措置には該当しない(=関税化の対象ではない)こととされ、維持することが可能となった。

◎ 農業合意の概要

輸出補助金：基準期間(1986〜1990年)の水準から、金額ベースで36%、数量ベースで21%の削減をすることとされた。ただし、日本には該当する補助金はなかった。

市場アクセス：包括的関税化の特例措置の対象にはコメを選択し、それ以外の輸入制限を実施している品目はすべて関税化した。なお、コメ以

外の品目については最低でも15%の関税削減を行い、平均で36%の削減を実施することとした。

国内支持：削減対象（「黄」）の施策と削減対象外（「緑」）の施策に分け、緑の施策としては研究、普及教育等の一般サービス、食料安全保障目的の備蓄、農業生産に直接リンクしない政策で、農業貿易に直接影響を及ぼさないと考えられる直接支払のような政策が該当する。緑の施策に該当しない施策（「黄」）は、総合的計量手法（AMS）により、基準期間（1986～1988年度）における支持総額から6年間にわたり毎年同じ比率で削減し、6年間で20%の削減を実施することとされた。なお、米・EC間の交渉により最終的に「青」の施策（生産調整などの措置を講じている補助金（黄に該当するもの）は当面削減対象から除外される）が許容された。

なお、包括的関税化の意味するものを説明しておこう。そもそも包括的関税化とは、関税以外の輸入制限措置について基準となる期間の「内外価格差」を関税率として設定することを認める代わりに、それまでの輸入制限措置を撤廃することを約束するものである。その当初設定する関税率は交渉によって決定するものであるが、その関税率に対しては、他の品目と同様に、最低でも15%の削減が必要とされていた。

したがって、出発点の関税率の水準を大きく取れれば、長期にわたり関税措置による保護が可能となる。しかし、工業製品に比べ農産物の保護水準は極めて高く、その格差を解消する方式として、高い税率ほど引下げ率を大きくする「フォーミュラ方式」、最高税率を合意し、一定期間後にその水準を超えるものは自動的にその水準（上限関税）まで引き下げる方法などが検討されていた。要すれば、関税化の最終目標は「自由貿易」の実現（≒関税ゼロ）にほかならないものであり、国産農産物を保護したければ、国内支持で行えということを意味

するものであった。

2）交渉の評価

　農業における合意事項のほか、サービス、知的財産権、貿易関連投資措置など新たな分野が交渉の対象とされ、交渉の結果生じる経済的メリットのかなりの部分は開発途上国に生じるものと考える研究者が多かった。しかし、実際の交渉成果の大部分は先進国で生じ、途上国ではブラジルなど輸出主体で人口や経済規模の大きな国において生じるだけであったとされている。また、WTOの発足後に加盟した中国に最大のメリットが発生したと考えられる。つまり、貧困国は交渉の結果ますます貧しくなったと考えられている。

　特に市場アクセス分野についてみれば、先進国にとって関心の高い分野では結果がすぐに生じたものの、途上国の関心事項であった「農業」では、基本的に現状程度の輸入実績は維持されることにはなっていても、関税の引下げ効果は必ずしも早期に発現することはなかった。また、途上国にとって関心のあった「繊維及び繊維製品協定」については、その自由化はWTO協定の下で10年かけて自由化（2005年1月）するという、大幅に先送りするものであった。さらに、農業の補助金については、「補助金協定」とは別に農業協定で規定され、工業品とは別のルールが適用されることとなった。すなわち、工業品に適用される補助金協定では、輸出補助金、国産品を優先して使用することに基づく補助金の使用は、禁止されている。一方、農業補助金では、農業協定で削減する義務はかかるものの、使用することが認められていた。要するに、農業補助金ルールは、財政に余力のある先進国にとってメリットのあるルールであったといえよう。

（3）WTOドーハ・ラウンド交渉の開始とその崩壊

　ドーハ・ラウンド交渉は、2001年11月のWTOドーハ閣僚会議でスタートしたが、その後交渉は難航し、現在は事実上崩壊の状況にある。その原因は、交渉開始までに、「何を目標」にその目標を達成するために「何を対象」に交渉を行うのかについて、主要国間での事前のコンセンサスがないまま交渉を開始した

ことに加え、正式名称を「ドーハ開発アジェンダ（DDA）」としたことで、途上国に対して、開発のためのラウンド交渉であるとの大きな期待を持たせたことから、先進国の主導で作り上げられたWTOの貿易ルールが途上国の開発のために変更されるとの期待値を引き上げてしまった。

　その結果、ドーハ・ラウンド交渉が「南北対立の場」となってしまった。途上国は、先進国がその過剰な農業保護を削減することは当然であり、途上国の「開発」のために先進国が何をしてくれるかが中心課題であると主張していた。一方、米国は、農業法により柔軟性を与えられていない国内支持についての削減を避けつつ、国内利害関係団体が要求する市場アクセスの実現が中心課題（米国にとってドーハ・ラウンド交渉はあくまでも「アクセスラウンド」＝市場開放であるべきとの認識）であると考えていた。以上の対立によって、米国は、「ドーハ・ラウンド」への関心が薄れていくとともに、国内支持などを棚上げにして関心品目の市場アクセスの追求が可能な「地域貿易協定」交渉に傾斜することになった。

　ドーハ・ラウンドのその後の動きをみると、第9回WTO閣僚会合（2013年12月インドネシア・バリ島）では、WTO加盟国は食料安全保障を目的とする公的備蓄制度の取り扱いが合意された。すなわち、途上国の公的備蓄のために行う価格支持のための支払いは「黄」の補助金に参入しない位置付けとするものの、それは一時的措置とすることとされた。次に、第10回WTO閣僚会合（2015年12月エジプト・ナイロビ）では、農産物輸出補助金の廃止が合意された。すなわち、原則として先進国は即時廃止とし、途上国は3年後に廃止することとされた。しかし、米国が行っている輸出信用などの間接的な輸出補助は対象外とされたことで、問題は残っている。以上のような動きが見られたものの、第11回WTO閣僚会合（2017年12月アルゼンチン・ブエノスアイレス）では、閣僚宣言の合意ができなかった。米国は、ドーハ・ラウンドはもはや「死に体」であると主張するのに対し、途上国はそのようなコンセンサスはないとの主張を行っている。ドーハ・ラウンド交渉が上記のような事実上の崩壊状態になったことから、地域

貿易協定という「ローカル・ルール」作成の交渉が活発化してきた。

(4) 多国間貿易システムの成立と二国間主義の台頭
1) 世界恐慌（1929〜1932）からGATT・WTO誕生まで

　世界恐慌の発生によって、イギリス・フランス・アメリカなどの「持てる国[131]」は、経済のブロック化（域内での自国通貨による相対的な自由貿易と域外に対する差別的保護関税政策）を採用し、経済不況の影響を他国へ転嫁しようとする「近隣窮乏化政策」を採用した。一方、ドイツ・イタリア・日本など、「持たざる国」は、軍事的手段で国外市場の獲得に乗り出し、英米仏などと衝突を繰り返した。その結果、国際経済が崩壊状態に陥り、第2次世界大戦を引き起こす要因の一つとなった。こうした事態に対する反省に立脚し、戦後の自由貿易・国際経済協力を担う制度的枠組みとして、国際通貨基金（IMF）、国際復興開発銀行（IBRD＝世界銀行）、関税と貿易に関する一般協定（GATT）などが誕生した。

　GATTについては、当初は自由にして多角的な国際貿易を確立するための機関として「国際貿易機関（ITO）」を設立する構想があり、そのための条約（ITO憲章もしくはハバナ憲章）の草案が用意された。しかし、ITOの主唱者であった米国は、貿易政策の手を縛られることを嫌った議会[132]の反対により、ITO構想は流産に終わった。その際、ITO憲章の発効を予定して行われていた関税の相互引下げ交渉の成果を実施するため、主として関税についての合意を1947年に条文にまとめたのがGATTであり、翌年からITO憲章起草に参加した23か国につき「暫定的に適用する」ことになったものである。以上の経緯からも理解されるように、GATTは貿易ルールのなかでも関税面にかたよっており、紛争手続きなど協定を履行するための制度に不備な点が多かった。

---

131. 持てる国とは植民地を持っている国のこと。
132. 米国は、条約の締結権が連邦議会にあることから、議会が事実上の拒否権をもっている。

2）多国間主義と二国間主義の関係

　GATTは、原則として、輸入に対する数量制限を禁止し、国境保護措置は関税に限定され、加盟国間の交渉を通じて各国別に関税引下げを約束（譲許concession）させ、それを「最恵国条項」（most favored nation clause）によって加盟国全体に適用させるという方式で、自由・恒久・無差別な貿易体制を実現しようとするものである。

　その後、ウルグアイ・ラウンド交渉の結果、正式の国際機関である世界貿易機関（WTO）が発足（1995）した。その結果、不十分かつ分散した形で定められていた貿易ルールが体系的・詳細に定められた。そのうちで農業と農産物・食品に関係が深いものとして、農業協定、衛生植物検疫の適用に関する協定（SPS協定）、貿易の技術的障害に関する協定（TBT協定）、知的所有権の貿易関連の側面に関する協定（TRIPS協定）があげられる。

　GATT・WTOは、透明性、無差別、互恵の原則を通じて、世界貿易に予測可能性を与え互いの譲歩による自由化と紛争解決のための開かれた場を提供するものであり、その基本原則は、「最恵国待遇」[133]と「内国民待遇」[134]である。上記の例外として地域貿易協定を位置付け、自由貿易協定（FTA）（日本では、モノやサービスの貿易を自由化する場合を指すことが多い）、あるいは経済連携協定（EPA）（日本では、FTAの内容を含みつつ、市場制度や経済活動等幅広く経済的関係を強化する協定を指す場合が多い）といわれている。なお、米国では、両者のことを「自由貿易協定」と呼ぶことが多いことに留意すべきである。

　地域貿易協定とは、GATT上の「自由貿易地域」（関税その他の制限的通商規則がその構成地域間における実質上のすべての貿易[135]について廃止さ

---

133. 最恵国待遇（most faverd nation MFN）とは、ある国の産品に利益、特権等を認める場合には他のすべての加盟国における同種の産品に対して認めなければならないものとすること。
134. 内国民待遇（national treatment NT）とは、輸入品に適用される待遇は、国境措置である関税を除き、同種の国内産品に対するものと差別的であってはならないものとすること。

れている2以上の関税地域の集団をいう）が認められ、このような性格を有する
地域貿易協定は、当事国間に限って関税を撤廃することなど「最恵国待遇」の
例外を認められることになる。

3）地域貿易協定を締結する理由

　地域貿易協定を締結する理由としては、「貿易転換効果[136]」を上回る「貿易
創出効果[137]」があるからとされる。しかし、地域貿易協定は、このような計量分
析結果に基づいて締結されるわけではない。

　それでは、地域貿易協定を締結する実際の理由はどのようなものだろうか。
地域貿易協定の締結は、WTOのような多国間交渉と比べ、あるいは、それぞ
れの国が置かれている地政学的な立場からの、次のような「政治的計算」が働
いているからとされる。第一に交渉コストが低く、「結果」が出る確実性が高いこ
とがあげられる。次に交渉結果の国内的な「売りやすさ」がはるかに優れてい
ることである。第三に交渉力の強化というメリットがあげられる。例えば、多国間
交渉がうまくいかなかった場合の「保険」としての機能である。第四に経済的メ
リット以上に「安全」の確保が主な動機となって、関係の深い国々と地域貿易
協定を締結する場合である。例えば、EUによる地中海沿岸諸国、旧東欧諸国、
旧ソ連邦の国々との一連の地域貿易協定が該当する。最後に心理的要素とし
て、経済的・政治的に重要な発展の「バスに乗り遅れ」、取り残されてしまうとの
「マージナル化の恐怖」の回避である。いずれにしても、わが国での議論にお
いては、経済的な観点からの是非が論じられる傾向が強く、政治的要素の議
論がほとんどないとされている。

---

135. 実質上のすべての貿易とは、定義はないが、日本では輸出入の往復で90%以上が必要との考えをとっている。
136. 貿易転換効果とは、域内国だけで関税を撤廃すると域外国の方がコストの低い国があるにもかかわらずコストの高い域
　　内国からの輸入に転換してしまい、貿易を歪曲してしまうこと。
137. 貿易創出効果とは、域内での貿易の自由化が新規需要を創出し、域内貿易を拡大させること。

(5) 貿易ルールの今後と日本の課題

1) 関税措置から非関税措置へ

　GATTの貿易ルールとさまざまな国際機関による「国際的枠組み」との統合による貿易ルールの進化と強化が図られたのは、国際貿易の対象となる農産物・食品の質的変化に呼応するものといえよう。農産物貿易と貿易ルールの対象は、もともと小麦をはじめ主要穀物に代表される一次産品のような「大量生産・大量消費型」農産物であった。しかし、貿易産品が「脱一次産品化」し、「少量生産・少量消費型」農産物・食品の重要性が高まると、それまでの「品質の均一性を前提として国際的に需給調整を行うアプローチ」を放棄せざるを得なくなり、規制・調整的措置の国際的な「調和」が主要な課題となってきたと考えられる。

　貿易ルールは、一次産品から脱一次産品への変化によって、関税水準の互恵性（利益の均衡）を維持する「契約」的な性格から、各国の規制・奨励措置を実施するに際しての行動規範を決め遵守する「ルール」的な性格へと変更することになった。つまり、規制・奨励的措置を国際的に「調和」するとは、各国間の措置を相互に調整する「制度間調整」にほかならないのである。そのような変化に伴ってルール交渉参加国の関心は、この交渉コストを最小化するために、自国の制度システムが「グローバル・スタンダード」として採用されるよう行動することになる。つまり、ルール交渉参加国は、「国内制度の国際的拡張」のために最大限の努力を払うことになるのである。

　なお、「制度間調整」を伴う貿易ルール交渉については、国内制度の変更を伴わない通報・協議など手続規定を置くことによる「透明性」の向上を内容とするものから、交渉参加国の規制・奨励措置の共通化（「調和」）を内容とするものまで様々なレベルがある。どのレベルで合意されるかは、交渉対象の特性、交渉参加国の関心度、同時に交渉されている他の交渉分野と比較しての重要度などにより左右される。

2)「ポスト貿易自由化」時代の貿易ルール

　「ポスト貿易自由化」時代の貿易ルールとは、「グローバル・ルール」から「ローカル・ルール」が重視されていくことを意味する。すなわち、主要先進国同士の貿易交渉が通常のスタイルであることから変化せざるを得なくなる。「プレーヤーの多様化」（欧米中心から、ブラジル、中国、インド等へ拡大）と「固定相場制から変動相場制への転換」（関税の引き下げ効果より為替政策の効果の方が大きい）の下、変化し続ける経済貿易上の課題に応えるためには「グローバル・ルール」を今後どう「進化・発展」させるべきか。特に非関税措置に関する貿易ルールのさらなる進化、新たな問題への対応の仕方などが想定される。その場合、「問題の特定」と「解決の方向性」についての「客観的な分析」と「認識の共有」がコンセンサスを得ていく上で重要となってくる。しかし、ウルグアイ・ラウンド交渉までは世界のルール・メイカーの役割を果たしていた米国はその役割から降りてしまった。今日の多様化した交渉プレーヤー構造の下では、新たな「多国間交渉の枠組み」の再検討と再設計を行うだけの「強力な政治的イニシアティブ」をとる意思と用意のあるプレーヤーは当面出てくる状況にはない。そうであるとすれば「地域貿易協定への取組」が続いていくことになろう。

3) 日本の交渉対応の変更の必要性
ア　日本の交渉対応の特色
（ア）　米国との二国間主義

　戦後の日本の国際化は、米国との二国間交渉が基本であった。特に農産物・食品については、米国との二国間における関税引下げや輸入枠の設定といった「分配型」の交渉内容にもっぱら関心と注意が向けられてきた。牛肉・オレンジ自由化交渉、コメの関税化例外措置の交渉などウルグアイ・ラウンド交渉という場において行われていた交渉も、実質は米国との二国間交渉を中心に進められた。ウルグアイ・ラウンド交渉の課題は広範であったにもかかわらず、日本の関心は特定品目の帰趨に注がれ、交渉の全体枠組みとその意義に関心が持た

れることはなかった。

（イ）例外アプローチの踏襲

　日本は、交渉に臨むにあたり「これだけは譲れない」品目を決める「例外アプローチ」をとり、交渉の関心は、日本の取るべき「政策の実現」ではなく、「例外とすることによる現状の維持」であって、交渉を通じて「貿易ルールの活用」にも「貿易ルール作り」にも積極的に関与せず、それらには基本的に「受け身」の態度をとっていた。

　日本の国際貿易交渉のあり方は、二国間での「分配型交渉」に関心があったことから、多国間でのルール作りのための「統合型」交渉には関心がなく、その結果、「主要国による交渉ゲーム」の外に位置することとなり、「リーダーシップをとること」から無縁であったことを意味する。

イ　日本の交渉対応の原因

　以上のような交渉をとることとなったのは、日本の農業・食料政策の基本的な性格が一貫して「閉じたシステム」での米をはじめとする主要食糧の供給政策を堅持することだったことによる。

　GATTの下で「閉じたシステム」を維持する手段であった「輸入数量制限措置」は、貿易制限のための手段としては「効果的」であり、財政支出を伴わないだけに「安上がり」な保護手段であった。しかし、輸入数量制限措置はGATT上違法な措置であり、IMF8条国となった日本のような国ではGATT上の合法措置に移行する義務があった。

　ウルグアイ・ラウンド農業交渉における「包括的関税化」とは輸入数量制限措置と同等の制限効果のある「関税割当制度」に移行することを認めるものであることから、間税化への転換は日本にとって望ましい選択肢であったはずである。しかし、「関税化」＝「貿易自由化」として位置づけたため、農業者は関税化に嫌悪感を覚え強い反対を示したことから、関税化の例外措置の追求とそ

の代償としてのコメ以外の品目の関税引下げについて、「相手国の関心度」と「国内的な許容度」との兼ね合いを図りつつ「小出し」に対応することになったのであろう。

　日本の農産物・食品の輸入は飼料や原料作物をはじめ大量に行われているにもかかわらず、その基本方針は「国内需要を国内生産で賄えないものについて必要量を輸入する」こととし、米をはじめ重要とされる農産物については「閉じたシステム」と両立する限りで輸入するとの内向きな性格を持っていた。その結果、日本では「多国間交渉における貿易ルール形成」に無関心となり、輸入数量制限・高関税品目を相手国の要求の強さの度合いに応じてどの程度までなら譲ることができるかが常に最大の関心事項となり、それを前提とする交渉風土が維持されてきた。

ウ　日本の農業・食料政策の転換の必要性

　日本の農業・食料政策の中心課題は、一貫して「大量生産・大量消費型」農産物・食品の供給確保と需給調整であった。その結果、日本の農業・食料政策については、当初から「市場メカニズムを利用する発想」は希薄であった。国際競争力向上のための「コスト削減・規模拡大」の政策は、「大量生産・大量消費型」農産物・食品生産のビジネスモデルを前提とするものであった。また、量的な確保を意味する観点から活用される「食料自給率」も「大量生産・大量消費型」農産物・食品を念頭に置いている。とりわけ、カロリーベースの食料自給率向上だけを政策目標とすることは栄養素（カロリー）以外の要素を捨象するものであった。

　したがって、農産物貿易政策については、今後日本の経済システムが貿易や投資のネットワークの下で「国際的な相互依存関係」に一層深く結びつけられてゆくこと（＝食料システムの構築[138]）が見込まれる中で、その在り方を検討する必要がある。すなわち、様々な交渉の「場」で、日本は「現状維持」ではなく地域分散・小規模分散ネットワーク型経済構造への転換に必要な「政策の方向

性」を明らかにし、それに基づく「一貫性と整合性のある交渉戦略」を持つとともに「貿易ルール」を積極的に活用して経済構造の転換を図るべきである。第1に「閉じたシステム」を脱却した、日本の農業と農産物・食品に関する貿易政策を確立することである。第2にこれまでの内向きの発想の延長戦にとどまった一貫性のない「日本農業特殊論」から「脱却」することである。第3に「諸外国の制度とその運用」についての知識や海外市場の消費者の「品質」要求の客観的な調査に基づく政策を構築することが必要である。第4に日本の農産物・食品の輸出の経験から、WTOや地域貿易協定の貿易ルールをいかに利用するかを学び、これらの経験知を蓄積・共有して活用することが重要である[139]。

　上記の日本の農業・食料政策の転換の論点については、TPP協定や日EU・EPAなどの発効を踏まえ、これまでの「関税による保護（＝価格支持）」効果が期待しえない状況になることを前提に、例えば次の方向で検討すべきである。すなわち、食料システム論に立脚し、食料産業をトータルに捉え、市場メカニズムが機能することを基本として、それを補完するように適正な手続きによって成立した「食と農をつなぐ制度」を装備することである。具体的には制度について、経営者が長期的視点に立って経営展開できるよう、国際的な貿易ルールに整合的な形に転換することとし、特に価格は市場メカニズムによって形成され、所得は政策（例えば、直接支払い）によって実現されるようにする。その場合、気候変動への対応の観点から導入することとなるカーボンプライシング措置を前提に、「産業振興政策」の視点から「農業環境政策」の視点に転換することである。

---

138. 食料システム＝食料産業＋市場メカニズム（公正な競争条件の確保）＋適正手続きによって成立した食と農をつなぐ制度
139. 林正徳・弦間正彦編著『ポスト貿易自由化』時代の貿易ルール　その枠組みと影響分析』、2015年参照。

＜補論2＞食料自給率について

　日本の食料自給率は、世界の人口が増加する一方、気候変動による生産の不安定化が懸念される中で、国際的に比較すると低下傾向を続けており、その水準も極めて低い状況にある。

(1) 食料自給率とは何か

　食料自給率とは、国内の食料消費が国産でどの程度賄えているかを示す指標であり、次のように書くことができる。

食料自給率（%）＝国内生産÷国内消費×100

　この式から食料自給率が向上するには、国内生産が増加するか、国内消費が減少すればいいということになる。仮に、国内生産＝国内消費の場合を考えてみよう。

食料自給率＝国内生産（A）÷国内消費（B）

$$= \quad 100 \quad \div \quad 100$$

$$= \quad 100\%$$

となる。その場合、国内生産が1割増産する一方で、国内消費が2割増加すると

食料自給率＝（100×1.1）÷（100×1.2）

$$=1.1÷1.2$$

$$≒0.9$$

$$=90\%$$

となって、国内生産は増加しているにもかかわらず、自給率は10%低下することになる。

　また、国内生産が1割減産する一方で、国内消費が2割減少すると

食料自給率＝（100×0.9）÷（100×0.8）
 　　　　＝0.9÷0.8
 　　　　≒1.1
 　　　　＝110%

　となって、国内生産が1割減産となっていても、国内消費が2割減少すること
になると食料自給率は10%アップすることになる。

　以上から、食料自給率は、単年の数値に一喜一憂するのではなく、数年間の
傾向（トレンド）をみることが基本的に重要であることが分かる。その場合、分子
にあたる国内生産の動向、分母にあたる国内消費の動向を分析して、そのトレ
ンドが国内の生産、輸入、輸出の変化、流通・加工部門における変化、あるい
は消費の動向の変化などが何によって引き起こされているかを検討する指標
として活用されるものである。その上で、食料の安定供給の確保のために現行
政策の妥当性を検証する指標として捉えることが適当と考えられる。

　なお、食料消費の一般的な傾向は、所得水準が低い時代は生きるために必
要なカロリーを増やす方向に食料を選択し、食生活が量的に充足するとカロ
リーベースの消費量は鈍化し、成熟状態になる。また、所得水準が上昇すれば、
消費者の関心はカロリーよりも金額の高い高付加価値なもの（味・美味しさ、健
康に良い、環境に良いなど）にシフトすることになる。米の消費が減って、畜産
物・乳製品が増えていくのはその表れといえる。

（2）食料自給率の示し方

　食料自給率の示し方は、次の2種類のものがある。
　― 重量（飼料は別のものさし）で計算することができる品目別自給率[140]

---

140. （例）小麦の品目別自給率（2021年度）＝小麦の国内生産量（109.7万トン）÷小麦の国内消費仕向量（642.1万トン）
　　　＝17%
　　　なお、飼料自給率の場合はTDN（可消化養分総量）をものさしとし、純国内産飼料生産量（656万TDNトン）÷飼料需
　　　要量（2,500万TDNトン）＝26%

    ― 食料全体についての共通のものさしで単位を揃えて計算する総合食料自
      給率

があり、総合食料自給率には熱量で換算するカロリーベース、金額で換算する
生産額ベースの2つの指標[141]がある。

  2022年度の食料自給率は、『国内の食料全体の供給に対する食料の国内
生産の割合を示す指標』であり、分子を国内生産、分母を国内消費仕向として
計算している。なお、2018年度確定値より、イン（アウト）バウンドによる食料消費
量増加分を補正している。つまり、

**食料自給率＝国内生産÷（国内生産＋輸入-輸出±在庫増減±イン（アウト）
バウンド）**

  カロリーベースの食料自給率は、「前年豊作だった小麦が前年並みの単収
へ減少（作付面積は増加）、魚介類の生産量が減少した一方で、原料の多くを
輸入に頼る油脂類の消費減少等により、前年度と同じ38%」となった。

  生産額ベースの食料自給率は、「輸入された食料の量は前年度と同程度」
であったが、「国際的な穀物価格や飼料・肥料・燃油等の生産資材価格の上昇、
物流費の高騰、円安等」を背景に、「総じて輸入価格が上昇し、輸入額が増加
した」ことにより、「前年度より5ポイント低い58%」となった。

---

141. カロリーベースの総合食料自給率（2022年度）＝1人1日当たり国産供給熱量（850kcal）÷1人1日当たり供給熱量
    （2,259kcal）＝38%
    生産額ベースの総合食料自給率（2022年度）＝食料の国内生産額（10.3兆円）÷食料の国内消費仕向額（17.7
    兆円）＝58%

参考 生産額ベースの食料自給率の計算式を通じた考察

生産額ベースの食料自給率

＝食料の国内生産額÷食料の国内仕向額

≒｛(国内生産量(食用)×国産単価)－畜産物・加工品の飼料輸入額・原料輸入額｝

÷(国内生産量(食用)×国産単価＋輸入量(食用)×輸入単価)

　2022年度の食料自給率については、昨今の国際価格が高騰し、円安の動向に振れたとき(ある意味で非常時)には、カロリーベースよりも生産額ベースの値が大きく変動するのはその定義式から言って当然のことといえよう。したがって、問われるべきは、数字が減少したことよりも、非常時における政策対応がどうであったのかを検証することが必要と考えられる。

　すなわち、国内生産力がレジリエントであり、市場メカニズムが機能しているのであれば、国内価格の上昇は国内生産増大の誘因となり、また、国際価格の高騰も、他の条件が一定であれば、輸出機会の拡大につながるので、自給率は上昇する可能性が高まる。

　なお、国際価格の動向は、世界的に増産意欲に拍車がかかれば低下する可能性があるものの、気候変動の関係で生産が不安定化する可能性もある。また、円レートが日本の経済力に対する米国などの主要国の経済力との比較で決定されるとすれば、今後とも円安の方向に振れる可能性があり、輸入物価を押し上げる要因となる。いずれにしても農産物・食品の分野の交易条件を改善する可能性があるので、他の条件が一定[142]であれば、国内増産をもたらす可能性がある。仮に、国内増産が起こらない[143]とすれば、国内の農業・食品産業政策(食料産業政策)による必要な対応がなされていないと評価されるのではないかと考えられる。

---

142. 現在の日本農業の構造において起こっているのは、零細な農家が高齢化等により大量に離農している一方で、少数の規模の大きな経営階層の増産によって、現状維持が続いている状態

143. 規模の大きな経営階層にとっては将来見通しが不確実と判断されれば現状維持の選択が妥当

（3）日本における食料生産の方向

　食料消費の一般的な傾向は、所得水準が低い時代は生きるために必要なカロリーを増やす方向に食料を選択し、食生活が量的に充足するとカロリーベースの消費量は鈍化し、成熟状態になる。また、所得水準が上昇すれば、消費者の関心はカロリーよりも金額の高い高付加価値なもの（味・おいしさ、健康によい、環境によいなど）にシフトすることになる。米の消費が減って、畜産物・乳製品が増えていくのはその表れといえる。

　以上の食料消費の動向を踏まえ、食料生産の動向は、相対的にカロリーの大きい食料生産から畜産物、野菜、果実といった価格の高い食料生産を志向しているといえる。

　したがって、指標としての食料自給率は、カロリーよりも生産額の方が、日本の消費・生産の実態により適合したものではないかと考えられる。現状では、カロリー自給率を基軸として位置付けるのは、日本の現状に必ずしも適合していないのではないかという問題に加え、そもそもカロリー自給率は、ウルグアイ・ラウンド農業交渉で自由化を迫る米国等に対し、「日本はこれだけ海外から食料を買って自給率が低くなっている。これ以上の自由化は無理だ」との論拠として使われたといわれていることに留意する必要がある。

（4）食料国産率

　2020年3月に閣議決定された「食料・農業・農村基本計画」において国産の食料供給の目標値として、新たに飼料自給率を反映しない食料国産率（2つ）、カロリーベースの食料自給率、生産額ベースの食料自給率、飼料自給率を掲載した。食料国産率は、我が国畜産業が輸入飼料を多く用いて高品質な畜産物を生産している実態に着目し、我が国の食料安全保障の状況を評価する総合食料自給率とともに、飼料が国産か輸入かにかかわらず、畜産業の活動を反映し、国内生産の状況を評価する指標とされている。要すれば、総合食料自給率が飼料自給率を反映して算出されているのに対し、食料国産率は飼料自給率

を反映せずに算出しているという特徴がある。

　両者を数字で比較すると次の通りである。すなわち、カロリーベース食料国産率（2022年度）[144]は、47％とカロリーベースの食料自給率と比べると、9ポイント高くなる。これは、牛肉のカロリーベース食料国産率47％に対してカロリーベース食料自給率13％の違いが大きく貢献していると考えられる。

　なお、生産額ベースの食料国産率（2022年度）[145]は、65％と生産額ベースの食料自給率と比べ7ポイント高くなっている。

　このような飼料自給率を反映しない食料国産率を示す意味は何だろうか?

　カロリーベースの食料自給率だと低く出てしまい、何とか大きな数字を示したいということなのか。そもそもカロリーベースの食料自給率については、TPPや日EUのEPAなどの締結によって貿易自由化への方向にカジを切ったことからすると、米国等からの自由化圧力をかわすために作ったカロリー自給率そのものの歴史的役割は終わったのではないかと考えられる。その上で、カロリーベースの食料自給率では低く出てしまうのが問題だからと言って、食料国産率なるものを創作する意味が理解できない。

　食料国産率という指標は、生産者の努力を示すものといわれているが、生産者の努力は消費者に評価されて初めて意味があるものではないのか。また、輸入飼料を使って工場生産のように生産する畜産業は、自然環境の保全などの「農業の多面的機能」を発揮しているといえるのか。輸入飼料に依存する畜産は、輸入飼料による生産に伴うふん尿の処理が地域の環境に与える影響など自然循環機能を始め「持続可能性」があるといえるのか。いずれにしても、輸

---

144. カロリーベース食料国産率（2022年度）
　　　＝1人1日当たり国産供給熱量（1,055kcal）÷1人1日当たり供給熱量（2,259kcal）＝47％
　　　（⇔ カロリーベース食料自給率：38％）
145. 生産額ベース食料国産率（2022年度）
　　　＝食料の国内生産額（11.4兆円）÷食料の国内消費仕向額（17.7兆円）＝65％
　　　（⇔ 生産額ベース食料自給率：58％）

図・表参考2-1　供給熱量の構成の変化と品目別供給熱量自給率（令和元年度）

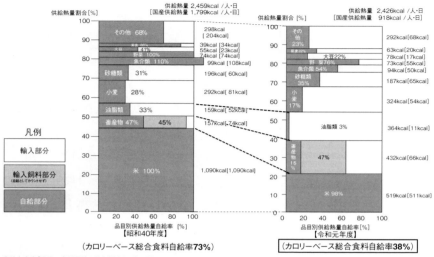

農林水産省「世界の食料需給の動向」（令和3年3月）スライド39

図・表参考2-2

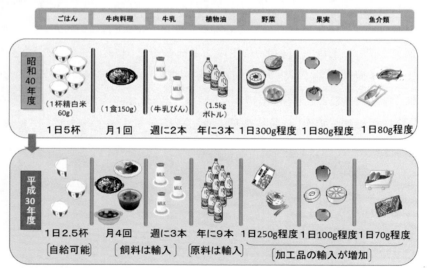

図・表参考2-1と同じ。スライド41

入飼料に依存する畜産について消費者の理解と合意を再確認するのが先決ではないか。

（5）日本の食料自給率の低下の要因

　食料自給率は、食生活の豊かさを示す指標ではないことに留意する必要がある。すなわち、近年の食料自給率は、40％弱の水準であるのに対し、1965（昭和40）年当時は73％である（図・表 参考2-1）。

　その当時と現在の食生活を比較すると、図・表参考2-2のとおりである。

　つまり、食料自給率低下の要因は、食生活の変化がもたらしたものである。日本人の食料需要が多様化した結果、国内自給が可能な米の消費量が減る一方で畜産物や植物油の消費量が増えていった。このような畜産物や植物油の消費量の増加は、畜産物の生産に必要となる飼料作物や植物油の原料となる大豆等の生産が日本の土地条件や自然条件にあわなかったことから輸入に依存せざるを得なかったものである。その結果、飼料穀物や大豆等の輸入量の増加を招いたことが、米の消費量の減少とあいまって、食料自給率を大きく低下させたのである。高度経済成長期を境に、戦後復興期と比べ食料消費構造が大きく変化し、米の消費が減少するとともに畜産物・油脂の消費が拡大したことが明らかである。

　また、国内生産の動向は、1985年ごろまでは拡大していたが、それ以降は減少傾向となっている。一方で輸入は経年増加傾向を維持した。要するに、高度経済成長期（1955〜1973年）からプラザ合意（1985年頃）までの時期は、国内生産は増加基調であったものの輸入も大きく増加した結果、食料自給率は低下傾向を示した。日本農業は、いわば相対的に衰退過程にあったといえる。

　しかし、プラザ合意（1985年）以降は、国内生産は減少基調を強め、輸入は円高・関税引下げ等により増加基調を強めた結果、食料自給率は低下傾向を続けている。日本農業は、いわば絶対的な意味で衰退過程にあるといえる。

　以上の点に加え、食料自給率低下の要因の一つとして、輸出向けの国内生

産がほとんどなかったことがあげられる。国内生産で対応できない食料が輸入されることは、食料自給率を大きく下げることにつながる。一方で、国内生産が輸出に向かうことは食料自給率を引き上げる効果がある。欧米諸国は輸入を行う一方で輸出もしっかりと行っている。しかし、日本は、これまで輸出向けの国内生産を行わない国のひとつであり、そのことも食料自給率低下をもたらした要因であると考えられる。

　日本が長い間、輸出をしてこなかったのは、大幅な内外価格差がある中で、日本農業が「量的に豊富で質的に高度な国内市場」をターゲット（＝守る）とする生産戦略をとってきたことがあげられる。しかし、急速な人口減少・高齢化が予測される国内市場は、今後、急速に縮小することが見込まれる。したがって世界人口の増加が見込まれることを踏まえ食料安全保障の観点から、輸出用の国内生産を増加していくことが求められている。

（6）食料自給力とは何か

　食料自給力とは、「我が国農林水産業が有する食料の潜在生産能力」を表すもので、食料安全保障に関する国民的な議論を深めていくために、2015（平成27）年3月に閣議決定された「食料・農業・農村基本計画」において、初めて食料自給力の指標化を行った。

　農林水産省の食料自給力についての説明は次の通りである。

　2020（令和2）年3月に閣議決定された現在の食料・農業・農村基本計画では、従来の食料自給力指標で考慮していなかった農業労働力や省力化の農業技術も考慮するよう指標を改良し、作付けパターンについても、それまでの4パターンから2パターンに簡素化を行った。また、将来（2030（令和12）年度）の食料自給力指標の見通しも新たに示している。

1）食料自給力指標（図・表 参考2-3）

　食料自給力指標とは、我が国農林水産業が有する潜在生産能力をフルに活用することにより得られる食料の供給可能熱量を試算した指標である。生産

図・表参考2-3

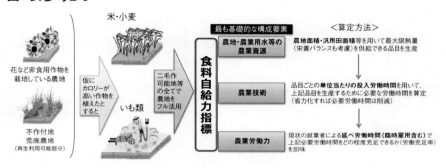

※ 生産転換に要する期間は考慮されていないほか、肥料、農薬、化石燃料、種子等は国内生産に十分な量が確保されていると仮定。
農林水産省「日本の食料自給力」

図・表参考2-4

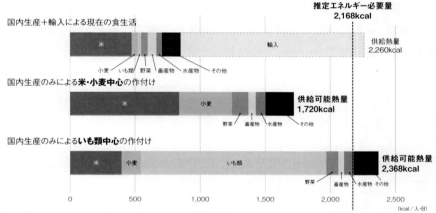

注1:推定エネルギー必要量とは、1人・1日当たりの「そのときの体重を保つ（増加も減少もしない）ために適当なエネルギー」の推定値をいう。
注2:農地面積は432.5万ha（令和4年耕地面積統計）に加えて、再生利用可能な荒廃農地面積9.1万ha（令和3年）の活用を含む。
農林水産省「日本の食料自給力」

のパターンは、以下の2パターンとし、各パターンの生産に必要な労働時間に対
する現有労働力の延べ労働時間の充足率（労働充足率）を反映した供給可
能熱量も示している。
ア　栄養バランスを考慮しつつ、米・小麦を中心に熱量効率を最大化して作付け
イ　栄養バランスを考慮しつつ、いも類を中心に熱量効率を最大化して作付け

2) 2022（令和4）年度における食料自給力指標（図・表 参考2-4）

　　2022（令和4）年度の食料自給力指標は、米・小麦中心の作付けについては、農地面積の減少、魚介類の生産量減少、小麦の単収減少等により、前年度を26kcal/人・日下回る、1,720kcal/人・日となった。

　　いも類中心の作付けについては、労働力の減少、農地面積の減少、魚介類の生産量減少等により、前年度を53kcal/人・日下回る、2,368kcal/人・日となった。

　　この結果、前年度同様に、いも類中心の作付けでは、推定エネルギー必要量（2,168kcal/人・日）を上回るものの、米・小麦中心の作付けでは下回る。

3) 2030（令和12）年度における食料自給力指標の見通し（図・表 参考2-5）

　　食料・農業・農村基本計画（2020（令和2）年3月閣議決定）においては、将来（2030（令和12）年度）に向けた農地や農業労働力の確保、単収の向上が、それぞれ1人・1日当たり供給可能熱量の増加にどのように寄与するかを示して

図・表参考2-5

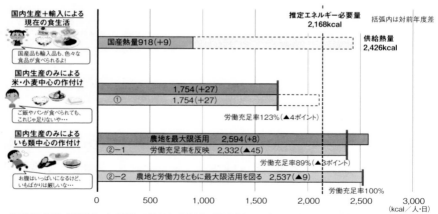

注1：推定エネルギー必要量とは、1人・1日当たりの「そのときの体重を保つ（増加も減少もしない）ために適当なエネルギー」の推定値をいう。
注2：農地面積は439.7万ha（令和元年耕地面積統計）に加えて、再生利用可能な荒廃農地面積9.2万ha（平成30年）の活用を含む。
農林水産省「日本の食料自給力」

いる。

　農地の確保(a)や単収の向上(b)が進めば、農地を最大限活用した場合の供給可能熱量は、「農地がすう勢の場合」から押し上げられる。また、青年層の新規就農者の定着率の向上等により、労働力の確保(c)が進めば、労働充足率を反映した供給可能熱量は「労働力がすう勢の場合」から押し上げられる。さらに、技術革新に伴って労働生産性が向上し、労働充足率が一層向上すれば、供給可能熱量は更に押し上げられる(d)。

4）食料自給力指標の推移（図・表 参考2-6）

　食料自給力指標は、近年、米・小麦中心の作付けでは小麦等の単収増加により横ばい傾向となっている一方、より労働力を要するいも類中心の作付けでは、労働力（延べ労働時間）の減少により、減少傾向となっている。食料自給力の維持向上のため、農地の確保、単収向上に加え、労働力の確保や省力化等

図・表参考2-6

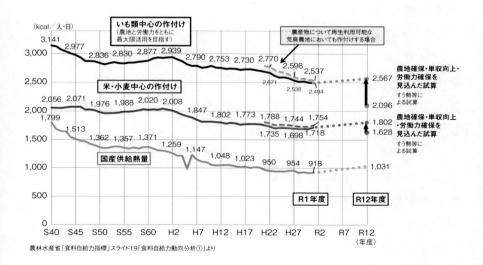

農林水産省「食料自給力指標」スライド19「食料自給力動向分析①」より

の技術改善が必要である。

(7) 食料自給率・食料自給力に関する農林水産省の説明に対する評価

　以上の農林水産省の説明では、現状のトレンドが低下傾向であることを示しているだけで、これを反転するためにどのような手立てを講ずるのかが全く示されていない。その点が問題であると言えよう。

　現行の食料・農業・農村基本法には5年ごとに食料・農業・農村基本計画を作成し、計画の見直しに際しては、食料・農業・農村に関する施策の効果の評価を行って、それを踏まえて見直しを行うこととされている（法第15条第7項）。この条文の趣旨は、政策の企画（P）➡実施（D）➡評価（C）➡見直し（A）のサイクルで政策課題の解決を図るものである。国民に対する食料の安定供給の確保には国内生産が基本であり、国内生産にとって農業労働力や農地は重要な生産要素である。その必要不可欠な農業労働力が激減し、農地もだらだらと減少傾向を続けている。その結果として、自給率は低下し、また、自給力も低下を続けている。PDCAサイクルを適正に動かしているのであれば、適切な食料・農業・農村に関する政策を遂行し、必要な農業労働力や農地の確保、あるいは、投資の拡大によって生産力の増強を通じて、自給率目標の達成が見込めることになるはずである。

　自給率目標の達成を実現できなかったのは、適正な政策評価が行われなかったというのか。それはないだろう。評価を行うことは法律で規定されているからだ。それでは適正な評価は行われたが、それを踏まえて必要な政策の見直しが行われなかったというのか。見直しが必要との評価が出ているのに必要な見直しをしないということもあり得ないだろう。そうなると適正な政策の評価が行われその評価結果を踏まえて適切な政策見直しが行われていたにもかかわらず、予想外の環境の変動によって目標が実現できなかったというのか。そういう場合はあり得たかもしれない。しかし、四半世紀の期間、目標が達成できない状況が続いていた事実の前では、PDCAサイクルを真面目に回していない、単な

る行政の不作為だとの批判に対して抗弁のしようもないだろう。

　いずれにしても、基本法の見直しに際しては、PDCAサイクルが機能しなかった原因を分析し、情報公開を前提に効果的な実施方法を検討する必要がある。

　その検討に際しては、食料自給力の要素の一つである農地については、農業以外の用途への転用よりも耕作放棄地化による減少をどのようにするのかが今後の課題であろう。人口減少が加速化することによって耕作放棄地は増加することが見込まれるが、こうしたいわば「余った農地」は、食料安定供給確保の観点からみても不要であり農地以外に転用すべきだという主張が生まれてきている。農地の林地化という主張も同じ文脈にある。

　こうした主張に対しては、農地制度の在り方を含め検討していくべきとの観点から、小川真如[146]は、次のような主張を展開している。すなわち、一定の前提（人口の減少と農地の減少のトレンドなど）の下に全国民が必要とするカロリーを生み出すための必要な農地面積が将来の農地面積を下回る時期を2050年代初頭と予測している。それは食料安定供給の確保の観点から余るとされる農地が出現する時代を迎えるということを意味する。残された期間に将来余るとされる農地について、世界の将来人口の増加が見込まれる中で、コストのかからない元の自然に返すのか、外国人に管理をゆだねるのか、それともいざという時に国内外の食料の安定供給に貢献させる観点から農業的に活用していくことにするのか、今からこれを議論すべきだとしている。

　また、減少傾向の続く農地総量と優良農地の確保については、2023年12月14日付日本農業新聞にJA全中が国の責務の明確化と国による必要な措置の厳格化を要求する旨の報道があった。食料安全保障の観点から優良農地確保のために農業振興地域整備法（以下「農振法」）による規制強化にかじを切ることを求めるものであるが、地方の側からは1999年の機関委任事務の廃止と自治事務化による地方分権に逆行するとの指摘もあり得る。

---

146. 小川真如、前掲書、2022年。

　現行農振法は、1999年改正により食料の安定供給確保の観点から、新たに農地の総量確保に関する国の意思が都道府県を通じて市町村に反映するための手法を位置付けている。すなわち、農林水産大臣が農地確保の方針等に関する基本指針を作成し、国の考えが反映するように都道府県の策定する基本方針の中の農用地区域に関する事項等について農林水産大臣の同意が必要とされた。また、市町村については、市町村が策定する整備計画の中の農用地区域に関する事項は都道府県の同意が必要とされた。加えて必要な場合には、国が都道府県に対し、また、都道府県は市町村に対して指示をすることができるものとされた。

　以上による優良農地を保全する仕組みは、機関委任事務を前提とした旧制度とそん色のない内容を確保することができたと考えられる。仮に現行農振法に国の厳格な措置を位置付けることについては、基本法の見直しにより「全国民一人一人の食料安全保障の確立を図る」ことを明確に位置付けることを前提とするものであれば、2023年末の地方制度調査会で「大規模災害や感染症危機などの非常時に備え、自治体に対する国の指示権を拡充するよう求める」答申が決定されたことから、直ちに否定されるものではない。

　また、優良農地の確保がビルトインされている現行制度は、農用地区域内農地がほぼ横ばいの微減に留まる状況にあることから、機能していると考えられる。むしろ農業がもうからない産業となっている現状では、農地の耕作放棄地化によって農地減少が加速していくことが懸念される。

　したがって、必要な措置は、農業をはじめ農村における「職と所得」を確保することであり、これを通じて農村部における定住を促進していくことが農業の活性化につながり、結果として優良な農地を確保することになるのである。つまり農村の振興とそれを担保する土地利用計画制度を構築し、それでも農地減少が止まらない場合の緊急措置として規制的手法の導入が正当化されると考えられる。

　また、不測時の食料安全保障の在り方については、令和5（2023）年12月に有識者による取りまとめが行われた。内容は、食料安全保障上のリスクの高まり、現行制度の評価、不測時の対策が提示された。しかし、生産・流通・加工・消費の関係はその密接なつな

がりにより一体のものとして捉える視点（食料システム）がなく、現状の供給構造を前提に供給量の減少が起こった場合の確保対策を提示している。

そもそも価格が変化すれば需要の変化が起こり、また、需要の変化が起これば供給の在り方も変化が生じるし、供給構造が価格などの需要サイドの変化に柔軟に対応し得る構造に転換していくことが重要となってくる。こうしたことが全く想定されていないように感じられる。需給に関する情報や将来に対する様々な期待によって価格が変化することを前提に食料安全保障対策の在り方を検討すべきではないか。その際、消費者への食料の安定供給を確保するために最終的に統制的手法をとることを視野に入れて政策の体系化を構築することになるが、その場合でも可能な限り市場メカニズムの作用を前提としつつ、統制的な手法をとるとしても消費者の負担がより少ない形で、生きていく上で必要な食料が確保されるようにする必要がある。

つまり、不測時の食料安全保障の在り方についても、食料システム全体の強靱性を担保する方向で対策を講じていくべきである。国民にとっては、日々の生活に関わる問題であることから、制度・政策の運用がどのようになるかは重要な関心事項となる。そのことを前提にして検討すべき課題としては、

— 平時と不測時における食料の安定供給に関する理念と基本的な施策の方向を明確にすること。これは、政策の基本的枠組みに関することから、基本法で規定することになること

— 食料有事法制においては、食料の生産から流通、加工、消費に至る「食料システム」が機能する上で前提条件となる「情報」について、政府が収集・把握・分析・解析し、食料システムのステークホルダーに提供していく体制（法的権限の付与を含む）を整備すること

を明示し、その上で

— 不測の事態における消費者までの配給統制を含む対応策の在り方（備蓄の放出、輸出に仕向ける国内生産物の国内消費用への転用、次年度以降の国内生産の増産要請、以上の措置に伴う規制に対する損失補償の在り方）を示すこと

が想定される。

　以上の措置を法律上規定する意味は、憲法第29条の財産権の規定を前提に、公共の福祉に沿って財産権の内容を法律で定めることになっていることから、食料有事法制における「規制」の在り方がその「公共の福祉」に該当するものであることを明らかにする必要があるからである。

＜補論3＞食の安全のためのリスク分析の導入

（1）食料システムに対する消費者の信頼

1）信頼の意味

　人は、健康に生きるために、呼吸し食べて生活を営む。食をめぐる問題は、生存にとってもっとも基本的な事項であり、安全性が確認できない食料が流通するような社会は、人間存在を根底から危うくするものといえる。つまり、安全な食料が手に入ることへの信頼の存在こそが、人間が心安んじて生きていく上での前提条件である。

2）信頼が必要となる理由

　食料システムが成立すると、生産から消費までの物理的距離が長くなること、素材の農産物は加工し流通しやすい形態に変換されることから、生産と消費との関係は顔の見えるものから顔の見えないものへと変化することになる。そのような社会では、食料は顔の見えない関係の下で生産⇔流通・加工⇔消費の過程を滞りなく取引等が行われている。それは、消費者が手にした食料が安全なものであり、安心できると認識されているからにほかならない。つまりその食料が安全で安心できるとの消費者の信頼が存在しているからと考えられる。

　それでは、消費者の信頼は、何によって担保されているのであろうか。

（2）消費者の信頼を確保するための仕組み

1）食料システムで食料が滞りなく流通するのはなぜか

　食料システムは、市場経済の機能と市場で対応できない分野は政府の補完的役割（食と農をつなぐ制度）によって作動することになる。市場経済における中央政府や地方政府（公共部門）の果たすべき基本的役割のうち、食の安全に関するものとしては市場の失敗のケース[147]が該当し、具体的には情報の非対称性（モラルハザード、逆選択[148]、食品安全への不信）がそれである。

人々は、安全に加え食品に対する安心を求めている。その理由は何か。

　まず安全とは具体的な危険が物理的に排除されている状態で、科学によって客観的に決まるものとされる。次に安心とは心配・不安がない主体的・主観的な心の状態をさし、安全とは全く別物とされている。　仮に、科学的に安全とされても、消費者が不安に感じていれば、「とりあえず食べることを控える」行動に出ることが多い。その結果、経済的に大きな影響を及ぼすことにもなる。

　例えば、牛海綿状脳症（BSE）にかかった牛の肉骨粉がエサとして生産過程に入っている（後述）場合、豚肉を牛肉と偽った偽装食品が流通している場合、農薬の混入した冷凍食品を食べた消費者が病院に入院したといった問題が発生する場合のように、消費者の不信を招く事態が生じると、SNSなどの登場によってパニック的に情報の拡散がなされ、消費者は念のために「買い控え」をする。そうなると当該商品の需要量が大きく減少し、価格が大きく下落する。そういうことが起これば、食料システム全体が機能不全に陥るおそれが生じることになる。一度こうした事態が生じると、食料システム全体に対する消費者の不信感を醸成することになるとともに、その解決には膨大な時間と費用がかかることになり、民間部門でこれに対応することは極めて困難となる。結局、国民の健康と安全に関する最終責任は政府が負うほかないことから、政府の関与が求められることになる。

　その場合、政府に求められる食品に対する人々の安心を確保する仕組みとはどのようなものであろうか。

　食品に対する人々の安心を確保するために政府が行うことは、食料システムにおいて安全を確認すること、その食品は安全と消費者の信頼が得られていることを担保する仕組みの導入が必要であるということになる。つまり、消費者

147. 市場の失敗とは、社会として必要だが、市場メカニズムによっては供給できなかったり、供給が不十分になる財・サービスのこと

148. モラルハザード、逆選択については、第5章の2の情報の非対象性の説明を参照。

にとって食の安心とは食料システムを通ることで安全が確保されているという信頼感が醸成されている状態のことを意味すると考えられる。

2）食の安全を担保する消費者の信頼確保の仕組み

消費者の信頼を確保するための仕組としては、食品安全行政において、欧米諸国における経験を踏まえ、科学を基礎とするリスク分析（リスクアナリシス）の枠組の導入、その上で、食品事故の発生後、原因の究明と被害の拡大を防ぐためのトレーサビリティ・システムの整備、さらに、消費者の商品選択の判断材料となる食品の規格と表示制度、食料システムに関係する事業者の食の安全に関するマネジメントを担保する規格基準・認証システムなどが整備されている。

ア　食品表示制度

食品表示は、消費者にとっての重要な情報源であるにもかかわらず、日本においては当初、下記の複数の法律が併存している状況にあった。所管する関係省庁の間には十分な連携がないままに制度の運用がなされ、また表示用語も統一性に欠けるなどの問題があった。

食品衛生法：飲食がもとで起こる衛生上の危害発生の防止を目的

JAS法：原材料や原産地など品質に関する適切な表示により消費者の選択に役立つことを目的

健康増進法：栄養の改善など国民の健康増進を図る目的

こうした事態を改善するために、2009年9月に消費者庁が発足し、厚生労働省・農林水産省が運営していた上記法律の食品表示制度を一元的に管理することとなった。その後、2013年に消費者にとって分かりやすい表示に一元化することを目的に食品表示法（図・表 参考3-1）が公布され、生鮮食品は2015年6月から、加工食品は2020年4月から施行された。

図・表参考3-1

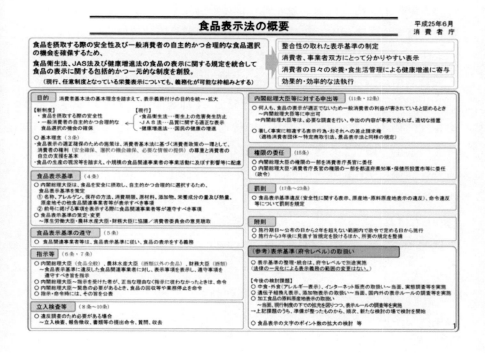

イ　規格基準・認証システム

（ア）国際ルールにおける取り扱い

① GATT

　GATTでは、無差別原則として「輸入産品間の無差別（最恵国待遇）」と「輸入産品と国内産品との無差別（内外無差別）」を掲げている。次に、数量制限の原則禁止、貿易に悪影響を及ぼす補助金についての協議義務、品質規格・基準と認証制度や動植物検疫・食品安全措置については、制度・措置の「透明性」と差別的・国内保護を目的に適用しないことなどがルール化された。

② 世界貿易機関（WTO）（1995年発足）

　GATTの規定は体系的・詳細に定められたルールへ転換された。このう

ち、農業と農産物・食品に関係が深いのは、農業協定（市場アクセス・国内支持・輸出競争）、衛生植物検疫措置に関する協定（SPS協定）、貿易の技術的障害に関する協定（TBT協定）、知的所有権の貿易関連の側面に関する協定（TRIPS協定（特に地理的表示））がある。

　規格基準・認証に関係するのは、SPS協定、TBT協定、TRIPS協定である。

　TBT協定では、加盟国の基本的義務として、加盟国が定め適用する規格と適合性評価手続きは輸出国間の差別待遇の禁止、輸入品と国産品との差別待遇の禁止の観点から運用しなければならないこととされている。また、規格と適合性評価自体も無差別原則に基づき、かつ貿易に関し不必要な障害とならないようにしなければならないこととされている。さらに、国内基準は国際基準と調和しなければならないこととされ、農産物・食品関係の国際基準を定める国際機関としては国際食品規格委員会（CODEX）、国際標準化機構（ISO）が存在する。

（イ）経済の構造変化に伴う国際標準化の動き

　技術の変化（アナログからデジタルへ、すり合わせ（インテグラル）型から組み立て（モジュール）型へ）、重化学工業の進展にとって「規模の経済」が働くようにするためには、地球規模の市場成立が必要となりそのためには取引の前提となる規格基準の統一が必要不可欠となる。また、20世紀後半には、ITの普及に伴う新しいネットワーク型産業（GAFAMなど）が登場する一方で、IoT・人工知能などデジタル化による製造業（シーメンスなど）が高度化することに伴い、規格基準に関する主導権争いが激化するようになる。その結果、モノ単体のビジネスに代わりネットワーク化されたモノからデータを収集し、そのデータを加工・分析してソリューションを顧客に提供するビジネスが生まれてくる。以上の動きが総体として規格基準の世界的な標準化を促進することになる。

（ウ）農業・食品に関係する規格基準・認証制度

　規格基準に従っていることを第三者機関によって認証するシステムとして、GAP、HACCPなどがある。

① GAP（Good Agricultural Practice:農業生産工程管理）：

　農業において、食品安全、環境保全、労働安全等の持続可能性を確保するための生産工程管理の取組のことであり、これを我が国の多くの農業者や産地が取り入れることにより、結果として持続可能性の確保、競争力の強化、品質の向上、農業経営の改善や効率化に資するとともに、消費者や実需者の信頼の確保が期待されるようになる。

② HACCP（Hazard Analysis Critical Control Point）

　危害分析・重要管理点（監視）方式の略称であり、国際的な食品規格を決めるCODEX委員会においてその採用が推奨されている。HA（危害分析）とCCP（重要管理点監視）の二つの部分からできており、食品の安全性や健全性を確保するため、これらに関わる危害を確認しそれを除外する衛生管理システムである。

　2018年食品衛生法改正により、事業場における「一般衛生管理（施設・設備や器具、従業員の衛生を確保し、ネズミや昆虫の侵入を防ぐこと）」とHACCP原則を取り入れた衛生管理が義務化された。しかし、欧米で義務化されている「トレーサビリティ」は、牛・牛肉及び米・一部の米製品は義務化されているものの、その他の食品に対しては努力規定のままとされている[149]。

③ JAS規格

　JAS法（日本農林規格等に関する法律）は、農林水産物に関する「日本農林規格（JAS規格）」を定め、公正な第三者（JAS法に基づいて登録された格付け団体）の検査によって規格を満たしていると認定された食品にJASマークを付けることができるというものである。

　JAS規格とは、品位、成分、性能等の品質について定められた規格（一般JAS規格）のほか、特定JAS規格、有機JAS規格、生産情報公表JAS規格など、

---

149. 本書では、トレーサビリティ・システムについて、食料システムのレジリエンスを確保する観点から、公共財と位置付け、政府がその導入・維持・管理に関する司令塔機能を果たすことを求めている。第6章の3の（1）の「（3）公共財としてのトレーサビリティの導入・維持・管理と司令塔機能の発揮」を参照。

「差別化されたもの」であることを確認できるようにした。2001年のJAS法の改正によって、遺伝子組み換え農産物・食品について、8農産物、33加工食品が表示対象となっている。

2017年6月にJAS法は大幅に改正された。それまでのJASマークは平準化目的の規格向けのものとし、それとは別に差別化目的の規格向けのマークを新設し、既存マーク（有機JASを除く、特定JASや生産情報公表JASなど）を集約すること、これまでのJAS規格の対象は、モノ（農林水産物・食品）の品質に限定されていたが、モノの「生産方法」（プロセス）、「取扱方法」（サービス等）、「試験方法」などにも拡大することとされた。今回の改正の背景には、海外取引の円滑化、輸出力の強化に資するものである。また、新たな規格としては、「日持ち生産管理切り花の日本農林規格」（生産方法）、「ウンシュウミカン中のβ－クリプトキサンチンの測定方法の日本農林規格」（試験方法）などが導入された。

ウ 食品安全行政に導入された「リスク分析」（リスクアナリシス）[150]

国民がある食品を摂取することによって健康に悪影響を及ぼす可能性がある場合、事故の後始末としてではなく、可能な限り事故の発生を防ぎ、リスクを最小限にするためのシステムとしてリスク分析が登場した。

リスク分析（リスクアナリシス）は「リスク評価」（リスク・アセスメント）、「リスク管理」（リスク・マネジメント）、「リスク・コミュニケーション」の3つの要素で構成される。

リスク分析を担当する機関としては次の通りである。

リスク評価（リスク・アセスメント）とは、食品中に含まれるハザード[151]を摂取することによって、どの位の確率で、どの程度の健康への影響が起きるかを科学的に評価する過程である。リスク評価（リスク・アセスメント）は、利害関係から独立して客観的に行われる必要があり、専門の科学者によって行われるものとさ

---

150. リスクアナリシスについては、鬼頭弥生「11 食品の安全、信頼の確保とその考え方」、新山陽子、前掲書、2023年所収
151. ハザード（危害要因）：健康に悪影響をもたらす原因となる可能性のある、食品中の生物学的・化学的・物理的な物質または食品の状態（Codex2007）をさす。

れる。日本の場合、食品のリスク評価は食品安全委員会が担当する。

　リスク管理（リスク・マネジメント）とは、消費者を始めとするすべての関係者と協議しながら、消費者の健康保護を最優先とし、リスク低減のための複数の政策・措置の選択肢を評価し、適切な政策・措置を決定、実施する過程である。リスク管理（リスク・マネジメント）の過程において、透明性が確保されると同時に、採用された政策の結果は常にモニタリングされ再評価されなければならない。日本の場合、食品のリスク管理は、農林水産省、厚生労働省、消費者庁が担当する。

　リスク・コミュニケーションとは、リスク評価、リスク管理の過程において、すべての関係者の間でリスクに関する情報、意見などを相互に交換する過程である。リスク・コミュニケーションは、リスク評価・リスク管理の普及及び広報を目的として行うもの（専門家による講演と質疑応答の形式で一方通行的情報提供）ではないこと、関係者が互いの視点を理解し尊重すること、情報・意見交換のプロセスを通じてよりよいリスク管理の実現につながることを目的として行うものである。

（3）リスク分析（リスクアナリシス）が日本に導入された経緯
1）危機的状態への初期対応の失敗

　2001年9月に日本で初めて確認された牛海綿状脳症（BSE）の発生を巡る状況は、1996年3月にBSEの原因である異常プリオンが人に伝達すると変異型クロツフェルトヤコブ病（vCJD）となり確実に死に至る病気であることが英国で明らかとなったこと、同年4月にはWHO専門家会議からも勧告が出されたこと、日本にも入ってくるのではないのかという漠然とした不安感が横溢していた。そうした状況下、農林水産省は、BSEに対する対応は水際で防止するから大丈夫であると国民に説明していた。しかし、2001年9月10日に行われた農林水産省の記者会見の際に、BSE牛の発生を確認した旨の記者会見に際して、当該の牛は肉骨粉に加工（レンダリング）されていたにもかかわらず焼却処分された

思うと発表した。同月14日になってからレンダリングに回っていた旨の発表を行った。

　農林水産省のこのような対応に対しては、「こんな役所にこのまま仕事と権限を与えていたら、国民の健康も畜産業の未来もない」(日経新聞　2001年9月16日)、「狂牛病　あきれる農水省の無責任対応」(読売新聞2001年9月18日)などの報道がなされ、国民の不信感は極まり、国民はとりあえず国産牛肉の消費を控える行動をとることになった。

2) 農林水産省への不信解消の課題と対応策

　国民の不信解消には、牛肉自体は安全だということ、牛肉の生産から加工流通を経て消費に至る供給システム全体への信頼性の保証をいかに確保するかが重要な課題であることが認識された。政府は、初期段階の混乱からそれまでの対応を転換して、農林水産大臣の主導の下に、「肉骨粉等」の全ての国からの輸入と国内での製造・出荷の全面停止（2001年10月15日）、「特定危険部位」（異常プリオンのたまる部位）の除去と焼却の義務づけ（2001年10月17日）、「BSE全頭検査」の開始（2001年10月18日）という措置を、BSE発生の確認後約1ヶ月間のうちに実行した。

　さらに、BSE問題への初期対応の失敗により喪失した食品の安全に対する消費者の信頼を回復するために、従来の衛生行政（特に畜産）の在り方を抜本的に再検討することとし、「BSE問題に関する調査検討委員会」を設置（2001年11月16日）した。同調査検討委員会は、リスク分析手法の導入、食品安全基本法の制定、トレーサビリティの位置づけ等を内容とする報告を2002年4月2日に取りまとめた。

3) BSE問題に関する調査検討委員会の意義

　日本でのBSE発生から約1年間で日本政府は一連の改革を実行した。この改革の中核をなすのが「供給システム全体の転換」であり。その方向付けは、上記委員会がとりまとめた報告に示された。この委員会の運営方法は、他の委員会における運営とは異なって、委員会はすべて公開、資料は直ちに公表、報

告は完全に委員の手で作成といった画期的な方法で実施されたことである。

　上記の運営方法をとったのは、「衛生行政（特に畜産）を抜本的に再検討する」ために必要不可欠だったからである。すなわち、同委員会は厚生労働大臣と農林水産大臣の私的諮問機関となっていたこと、事務局は厚生労働省の職員と農林水産省の職員（代表は筆者）により構成され、両省の共管となっていたことから、通常の委員会運営を行ったのでは、「所管事項に関しては内政不干渉」が官僚世界の不文律とされている中で、「抜本的改革」を求める報告書をとりまとめることは極めて困難であったからである。このため、委員会を公開とし、議論の方向性をマスコミ、国民が直ちに把握できるようにした。その上で、報告のとりまとめについては、委員会の場において委員の中から起草委員を選任し、起草委員が「報告のたたき台」を作成し、当該「報告のたたき台」を委員会の場で修正していくという方法をとり、最終的に委員会の場で報告がとりまとめられた。

（4）BSEに対する農政対応の意義
1）迅速な供給システム転換の評価

　調査検討委員会報告に基づき構築された新たな供給システムは、消費者保護の重視と食品安全に関わるリスク分析の導入を基本とするものであり、その上で国民・消費者の不信感に対応する観点から、全頭検査、トレーサビリティーをはじめとする必要不可欠な手法を導入することとした。

　これらの一連の改革は、BSE発生確認から約1ヶ月間で完了したものであり、その約半年後にはシステムの抜本的な転換の方向性が明示された。英国では同様の改革に10年以上かかっている（図・表　参考3-2）。

　このような迅速かつ抜本的な改革は、国民・消費者の評価につながり、政府への信頼回復につながったものと考えられる（図・表　参考3-3）。

図・表参考3-2

	英国等	日本
1986年	11月 英国内で初めてBSEを確認	
1989年	11月 SBO(英国で屠殺された6ヵ月齢以上の特定臓器 (脳、脊髄、胸腺、腸、(十二指腸以下)、脾臓、扁桃)について 食用のための販売を禁止	
1990年	9月 SBO及び、SBOを含む飼料又は、SBO由来のたんぱく質を含む 飼料について、すべての動物の飼料としての販売、供給、使用を禁止	
1991年	11月 SBO由来肉骨粉の肥料への使用を規制	
1994年	11月 全ての乳類のSBOを反すう動物飼育への使用禁止	
1996年	3月 英国政府諸問機関によるBSEと変異型CJDの関連性の 可能性を発表 ほ乳動物由来の肉骨粉飼料について、販売及び全ての家畜、 魚、鳥類への給与の禁止 4月 WHO専門家会議の勧告 7月 屠殺時に30ヵ月齢以下であることが確認されない限り、 1996年3月29日以降に屠殺された牛の肉を人の消費者向けに 販売することを禁止	4月 農水省、肉骨粉に関する行政指導(課長通知で対応)
1997年	4月 労働党ブレア党首から依頼を受けたロウエット研究所の ジェームス教授が食品基準庁に関するレポートを公表 12月 屠畜場での特定危険部位の除去の義務づけ 特定危険部位及び30ヵ月齢以上の牛について、 直接焼却か、肉骨粉にした上で焼却・埋却	
1998年	1月 EUで、BSEに関する各国のステータス評価について、具体的な作業開始	
1999年	11月 食品基準法制定	
2000年	4月 食品基準庁(FSA)設置 10月 SRMの除去・廃棄(食用、飼料用の禁止)	11月 EUから日本へステータス評価報告案 (カテゴリⅢ←日本の主張はⅠ又はⅡ)
2001年	1月 人の消費に用いられるために、屠殺された30ヵ月齢以上の牛の BSE検査義務づけ 7月 農場段階で、24ヵ月齢以上の全ての死亡牛を サーベーランスの対象とする。	1月 EUから日本へステータス評価(第2次草案) 4月 EUから日本へステータス評価(第3次草案)日本から 評価中断の申し入れ 9月10日 日本で初めてBSE発生の確認 「当該牛は焼却処分されたはず」と回答 (14日になってレンダリングに回っていたと訂正) 10月1日 農水省、肉骨粉等の飼料・肥料としての輸入の 一時全面停止 10月3日 厚労省、10月18日からスクリーニング検査実施を発表 10月9日 厚労省、30ヵ月未満を含めたすべての牛に拡大 10月15日 農水省、肉骨粉等の全ての国からの輸入と国内での 製造・出荷の全面停止 10月17日 厚労省、特定危険部位の除去と焼却の義務づけ (衆)農水委 農水大臣は、(民)鮫島委員ほかの質問に、 第3者委員会の設置と検討の開始を表明 (衆)厚労委 厚労大臣は、(民)筒井委員の質問に、 第3者委員会の設置にはコメントせず 10月18日 厚労省、BSE全頭検査 10月22日 農水省(事務方)、BSE問題に関する 第3者委員会設置を検討 10月30日 農水大臣に第3者委員会設置を報告 11月6日 BSE問題調査検討委員会の設置を公表 11月14日 山田友紀子国際食品研究官から食品安全に関する 「リスク分析」の教授 11月19日 (第1回委員会)-翌年4月2日(第11回委員会)
2002年		4月2日 同委員会報告(リスク分析手法の導入、 食品安全基本法の制定、トレーサビリティの位置づけ等) 4月11日 「食」と「農」の再生プランを公表
2003年		4月1日 24ヵ月齢以上の死亡牛のBSE検査を開始 5月16日 食品安全基本法成立 6月4日 牛トレーサビリティ制度の構築 7月1日 食品安全委員会の設置
2004年		4月1日 24ヵ月齢以上の死亡牛のBSE検査完全実施

筆者作成

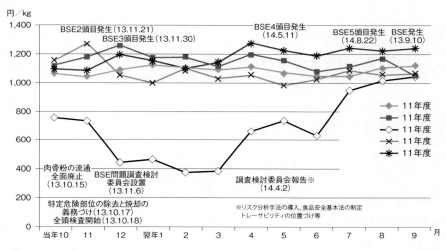

図・表参考3-3

筆者作成資料
資料:「畜産物市況速報」農林水産統計情報部
注1:東京大阪食肉市場の生体搬入物の頭数加重平均価格である。
注2:土・日曜日、祝日の価格を除く。

2) 全頭検査の費用対効果

　食品由来の健康リスクとは「食品中に存在する危害要因 (ハザード) による健康への悪影響が発生する確率とその重篤度の関数」とされている。一部の研究者からは、BSEが重篤な病気 (vCJD) をもたらすとしてもその発生確率は極めて小さいことから、全頭検査という措置は費用対効果から考えると、リスク管理上は全く無意味な措置であるとの評価があった。本当に無意味なのか。

ア　リスクの認知と複雑さ

　リスク評価において、リスクは科学的手順に基づいて評価されることになるが、当該評価の結果に対する市民の理解は、リスク評価者やリスク管理者の意図するようには進まない。リスク・コミュニケーションは、関係者間の認識を完全に一致させるために行うはずだが、これまでの経験からすると完全に一致させることができると考えることは非現実的であり、認識の違いを互いに理解すること

もコミュニケーションを行う目的とされている。

　専門家の認識するリスクは、科学的手順に基づく評価において特徴づけられるリスクに近いものと考えられる。一方、市民のリスク認識には質的（数量的でないこと）で複雑な幅広いリスク概念が存在している。このようなリスク認識の違いによって、一般大衆と専門家との間には対立が起こるのであり、政策を決定する場合には、一般大衆のリスク認知の多元性を考慮すべきなのである。つまり多くの消費者は「念のため食べるのは控えよう」という態度をとることに留意する必要がある。

　リスク認知の要因について、健康への影響の重篤さに加えて、ハザードが自然的か人工的か、病因性や体への蓄積性の有無など食品のハザード固有の知覚性に影響される度合いが高く、また、知覚された個人要因としての経験や知識、連想、社会要因として情報に曝露された状態、公的機関、専門家への信頼に影響される度合いの高いことが明らかであるとされている。

　食品リスクの定義の2つの要素（確率と重篤度）のうち、確率はほとんど知覚されず、重篤度が強く知覚されていることが確認されており、リスク・コミュニケーションにおける確率情報の共有については大きな課題があることが示唆されている。また、認知構造において、日本人は映像や情景のイメージによって認知する傾向があると考えられる一方、アメリカ人は論理的な認知がみいだされるとされている。さらに、一般的には、コミュニケーションの成果が上がりにくい可能性があること、公的機関や専門家が、科学的データや規制措置について情報提供する役割をもつが、リスク知覚に対する公的機関や専門家への信頼が低いことが指摘[152]されている。

イ　危機的状態への対応

　リスク管理とは別に、危機管理の対応がある。危機管理の鉄則は、危機に陥

---

152. 新山陽子ほか「食品由来リスクの認知要因の再検討-ラダリング法による国際研究-」『農業経済研究』第82巻第4号、2011年参照。

らせた者の責任を問い、信頼できるリーダー に代えること、最悪の状態を想定した果断な措置をとること、その措置を事態の改善に従って少しずつ緩めていくこと、それによって多くの人が事態の収束していくのを実感できて安心していくこととされている。

3）まとめ

BSEに関わるリスクは、異常プリオンというハザードによるvCJDの発生確率とその重篤度の関数である。仮に、確率がほとんど知覚されず、重篤度が強く知覚されているとすると、確率が低いから大丈夫という説明で市民を説得することは難しいと考えられる。

「リスク知覚に対する公的機関や専門家への信頼が低いこと」や「政府のリスク低減措置への信頼が低いこと」といった場合には、政府の初期対応等の失敗によって信頼が著しく低下していることを示唆している。このような状態において、政府への信頼を前提に成立している、通常のリスク管理では市民の理解を得ることは難しいといえる。

BSEに対する農政の対応は、BSEへの初期対応の失敗による国民・消費者の政府への信頼の著しい低下という危機的状態への対応にほかならない。具体的には、消費者保護の重視と食品安全に関わるリスク分析の導入を基本として、全頭検査及びトレーサビリティをはじめとする必要不可欠な手法を導入したものである。特に全頭検査は、危機的状況における対応に該当するものといえよう。なお、2001年からの全頭プリオン検査は、2005年に21カ月齢以上、2013年4月に30カ月齢以上、同年7月に48カ月齢以上、2017年4月に廃止された。

おわりに

　食料システムについて、最後にもう一度説明しておこう。

　食料の消費の在り方が、機会費用や規模の経済の働きによって、調理工程が家庭の中から外部の事業者等へ移動するとともに、家事・育児は女性の役割との社会的規範の存在にもかかわらず、食品製造業等のイノベーションによって、内食から中食、外食へと変化してきた。将来的に、農産物は調理品・加工品となっていく割合が高まっていくことが予想される。その結果、農業から加工・流通を経由して消費までをつなぐ食料産業が成立し、それぞれの部門を市場メカニズムによって、消費者のニーズが価格などの情報の形で川上部門まで伝達することが可能となった。

　しかし、市場メカニズムが機能するにつれて、上流部門と下流部門との間に情報の偏在が起こり、情報を握った主体が優越的な地位についた結果、公正な競争条件が失われる可能性が出てきた。こうした状況において、市場メカニズムが機能するように、食と農をつなぐ制度を、政府が適正な手続きによって構築しなければならなくなってきた。

　20世紀までの人口増加、物価上昇、経済成長の時代であれば、食料システムを構成する各部門はそれなりの成長が期待できたが、人口減少、物価下落、経済の停滞・衰退の時代になると、食料システム全体をとらえてバランスのとれた成長が図られるよう、産業政策と競争政策の連携をとることが求められてきているからである。

　加えて21世紀は、2050年までに脱炭素を実現する必要があり、食料・農業・農村政策の在り方も、環境政策との両立を図りながら、競争政策との連携が必要となってくる。

　2024年の通常国会には、現行の食料・農業・農村基本法を見直す法案が提出される予定になっている。この時期に、食料システム論の観点から食料・農業・農村政策の在るべき方向を提案する本書を公刊できたことは幸運であった。

本書は、筆者が2018年4月に開学した新潟食料農業大学で食料・農業・農村政策を講義する機会を得たこと、講義用に作成した資料をベースに学生の反応を踏まえて改善を加えたこと、その上で本学の基本コンセプトである「食料産業」をさらに発展させて食料システムという体系を試論的に構築したものを織り込んで作成した。

　執筆の過程では、高校時代からの友人である金子勝さん（慶応義塾大学名誉教授）、本学の同僚教員である青山浩子さん（新潟食料農業大学准教授）、斎藤順さん（新潟食料農業大学講師）、本学事務局の渡部貴子さん（新潟食料農業大学社会連携推進課職員）、環境エネルギー政策に関する提言を行っておられる飯田哲也さん（特定非営利活動法人環境エネルギー政策研究所長）、衆議院調査局時代にともに仕事をした信太道子さん（衆議院調査局農林水産調査室調査員）、野村アグリプランニング＆アドバイザリー株式会社（NAPA）での定例会においてテーマ設定を始めファシリテーターを務める伊地知宏さん（NAPA、シニア・アドバイザー）からさまざまなアドバイスをいただいた。おかげで内容面、論理の展開の面で大幅に改善された。深甚なる謝意を表したい。なお、本書の内容及び文章については、筆者が全面的に責任を負うものであることは言うまでもない。

　最後に、本書が地域農業で困難に直面する人々、そして食料・農業・農村問題に関心のある方々にご一読いただき、ご意見をいただけることを願って筆を置きたい。

2024年1月　新潟食料農業大学新潟キャンパス研究室にて
武本俊彦

参考文献リスト

序章

- 総務省「人口推計」(2023)
- 厚生労働省「国民生活基礎調査」(2022)
- 農林水産政策研究所「我が国の食料消費の将来推計(2019年版)」(2019)
- 農林水産省「食料需給表 令和4年度」(2023)
- 農林水産省「農林業センサス」
- 同「農業構造動態調査」
- 同「面積調査(耕地及び作付(栽培)面積統計)」
- 同「生産農業所得統計」

第1章

- ウォーラステイン『史的システムとしての資本主義』(川北稔訳、岩波書店、2022)
- 宇沢弘文『社会的共通資本』(岩波書店、2000)
- 同『ヴェブレン』(岩波書店、2015)
- 枝廣淳子『地元経済を創りなおす—分析・診断・対策』(岩波書店、2018)
- 同『好循環のまちづくり』(岩波書店、2021)
- 大泉一貫『フードバリューチェーンが変える日本農業』(日本経済新聞出版、2020)
- 大田原高昭『新明日の農協 歴史と現場から』(農山漁村文化協会、2016)
- 大橋弘『競争政策と経済学 人口減少・デジタル化・産業政策』(日本経済新聞出版社、2021)
- 小野善康『資本主義の方程式 経済停滞と格差拡大の謎を解く』(中央公論新社、2022)
- 金子勝『平成経済 衰退の本質』(岩波書店、2019)
- 金子勝・児玉龍彦『逆システム学—市場と生命のしくみを解き明かす』(岩波書店、2004)
- 同『日本病　衰退の本質』(岩波書店、2016)
- 同『現代カタストロフ論—経済と生命の周期を解き明かす』(岩波書店、2022)
- 金子勝・武本俊彦『儲かる農業論 エネルギー兼業農家のすすめ』(集英社、2014)
- 高瀬雅男『反トラスト法と協同組合 日米の適用除外立法の根拠と範囲』(日本経済評論社、2017)
- 武本俊彦「食料産業局の解体と大臣官房への新事業・食品事業部の設置」
  (『農村と都市をむすぶ』、2021・7)
- 時子山ひろみ・荏開津典生・中嶋康博『フードシステムの経済学第6版』(医歯薬出版、2019)
- 新山陽子編著『フードシステムの未来へ1 フードシステムの構造と調整』(昭和堂、2020)
- 同 『フードシステムと日本農業 改訂版』(放送大学振興会、2022)
- 農山漁村文化協会編『どう考える?「みどりの食料システム戦略」』(農山漁村文化協会、2021)
- 平山賢太郎「農協の全量出荷制度 独占禁止法」(日本農業新聞2023年6月25日5面)

・山家悠紀夫『日本経済30年史　バブルからアベノミクスまで』(岩波書店、2019)
・吉見俊哉『平成時代』(岩波書店、2019)
・IPCC「第6次統合報告書(AR6統合報告書)政策決定者向け要約
　　A現状と傾向A1(000121451.pdf(env.go.jp))」(2023)
・農林水産省「農業・食料関連産業の経済計算」

第2章
・金子勝・児玉龍彦『現代カタストロフ論ー経済と生命の周期を解き明かす』(岩波書店、2022)
・厚生労働省「毎月勤労統計調査」
・同「出生に関する統計の概要の人口動態統計特殊報告」(2021(令和3))
・財務省「貿易統計」

第3章
・網野善彦『日本の歴史00　日本とは何か』(講談社、2000)
・大泉一貫『日本農業の底力』(洋泉社、2012)
・金子勝・武本俊彦『儲かる農業論　エネルギー兼業農家のすすめ』(集英社、2014)
・鬼頭宏『日本の歴史19　文明としての江戸システム』(講談社、2010)
・笹田博教『農業保護政策の起源　近代日本の農政1874〜1945』(勁草書房、2018)
・シュンペーター、ヨーゼフ『経済発展の理論(上・下)』
　　(塩野谷祐一・中山伊知郎・東畑誠一訳、岩波書店、1977)
・スミス、T・C『近代日本の農村的起源』(大塚久雄監訳、岩波書店、1970)
・武本俊彦『食と農の「崩壊」からの脱出』(農林統計協会、2013)
・並木正吉『農村は変わる』(岩波書店、1960)
・速水融『歴史人口学で見た日本』(文藝春秋社、2001)
・速水佑次郎・神門善久『農業経済論新版』(岩波書店、2002)
・吉川洋『高度成長　日本を変えた6000日』(中央公論新社、2012)
・農政調査委員会編『米産業に未来はあるかー歴史を見つめ、明日を展望する』
　　(農政調査委員会、2021)

第4章
・青山直篤「記者解説　揺らぐリベラリズム」(朝日新聞2023年11月27日9面)
・小川真如『日本のコメ問題』(中央公論新社、2022)
・同『現代日本農業論考』(春風社、2022)

- 小田切徳美「寄稿 『基本法の見直し』」(日本農業新聞2023年7月26日3面)
- 重藤さわ子「再生可能エネルギーを地域のベネフィットに」『世界』2023年9月号 pp204-211
    (岩波書店、2023)
- 片山善博「片山善博の『日本を診る』機関委任事務の亡霊が幅をきかす自治の現場」
    『世界』2023年12月号pp157-159(岩波書店、2023)
- 川崎政司『地方自治法基本解説 第8版』(法学書院、2021)
- 高村学人、古積健三郎、山下詠子編著
    『入会林野と所有者不明土地問題 両者の峻別と現代の入会権論』(岩波書店、2023)
- 武本俊彦『食と農の「崩壊」からの脱出』(農林統計協会、2013)
- 同「土地の過少利用時代における農地の所有・利用の在り方」
    (地域開発2021. 冬vol.636 pp50-54)
- 同「一般企業に農地所有を認めることができないのはなぜか」
    (農山漁村文化協会、季刊地域2021AUTUMN pp67-71)
- 日本弁護士連合会所有者不明土地問題等に関するワーキンググループ編
    『新しい土地所有法制の解説』(有斐閣、2021)
- 広井良典『人口減少社会のデザイン』(東洋経済、2019)
- 藤山浩『日本はどこで間違えたのか』(河出書房新社、2020)
- 山下祐介『地域学をはじめよう』(岩波書店、2020)
- 山野目章夫『土地法制の改革 土地の利用・管理・放棄』(有斐閣、2022)
- 新しい農村政策の在り方に関する検討会・長期的な土地利用の在り方に関する検討会「地方
    への人の流れを加速化させ 持続的低密度社会を実現するための新しい農村政策の構築」(令和4
    (2022)年4月1日)
- 所有者不明土地問題研究会「最終報告書概要〜眠れる土地を使える土地に「土地活用革命」〜」
    (2017年12月13日)

第5章
- 有村俊秀・日引聡『入門 環境経済学 脱炭素時代の課題と最適解 新版』
    (中央公論新社、2023)
- 飯田哲也・金子勝『メガ・リスク時代の日本再生戦略「分散革命ニューディール」という希望』
    (筑摩書房、2020)
- 今田高俊・寿楽浩太・中澤高師『核のごみをどうするか もう一つの原発問題』
    (岩波書店、2023)
- 後藤宏光「EU新制度」(日本経済新聞、2023年11月18日26面)
- 自然エネルギー財団「GX基本方針は二つの危機への日本の対応を誤る―なぜ原子力に固執し、化
    石燃料への依存を続けるのか」(自然エネルギー財団2022年12月27日)

- シュミッツ、オズワルド『人新世の科学—ニュー・エコロジーがひらく世界』
  （日浦勉訳、岩波書店、2022）
- 武本俊彦「第4章　みどり戦略はバックキャスティングアプローチをとっているのか—
  食料自給率向上の実現可能性との関係から—」（日本農業年報67、農林統計協会、2022）
- 諸富徹「「グリーンディール」から「緑の産業政策」へ
  —気候中立を目指す欧州の気候変動政策」（衆議院調査局「論究」第17号、2020）、
- 同「「グリーン成長戦略」に何が足りないのか」（京都大学大学院経済学研究科再生可能エネルギ
  ー経済学講座No.230、2021）
- 山本義隆『近代日本一五〇年』（岩波書店、2018）
- 政府「エネルギー基本計画」（令和3（2021）年10月）
- 内閣官房ほか＊「2050年カーボンニュートラルに伴うグリーン成長戦略」
  （令和2（2020）年12月）
  ＊内閣官房、経済産業省、内閣府、金融庁、総務省、外務省、文部科学省、農林水産省、国土
  交通省、環境省
- 政府「GX実現に向けた基本方針」（令和5（2023）年2月）
- 農林水産省「みどりの食料システム戦略」（令和3（2021）年5月）
- 電力消費量に占める自然エネルギーの割合：https://ember-climate.org/data/data-tools/
  data-explorer/? Electricity Data Explorer ¦ Open Source Global Electricity Data
  ember-climate.org

第6章
- 今田高俊・寿楽浩太・中澤高師『核のごみをどうするか　もう一つの原発問題』
  （岩波書店、2023）
- 宇沢弘文『社会的共通資本』（岩波書店、2000）
- 窪田新之助・山口亮子『誰が農業を殺すのか』（新潮社、2022）
- 神門善久『日本農業改造論　悲しきユートピア』（ミネルヴァ書房、2022）
- 楜澤能生・柚木茂夫・森剛一ほか「新「食料・農業・農村基本計画」と経営継承の課題」
  『農業法研究』56号（日本農業法学会、2021）
- 加藤光一・牛尾洋也・安藤光義ほか「新「食料・農業・農村基本計画」と農村政策」
  『農業法研究』57号（日本農業法学会、2022）
- 加藤光一・武本俊彦・斎藤順ほか「持続可能な食と農のシステムを問う」
  『農業法研究』58号（日本農業法学会、2023）
- 生源寺眞一『農業と人間』（岩波書店、2013）
- 金子勝・武本俊彦『儲かる農業論　エネルギー兼業農家のすすめ』（集英社、2014）

- 久松達央『農家はもっと減っていい　農業の「常識」はウソだらけ』(光文社、2022)
- 谷口信和、安藤光義、石井圭一ほか「日本農政の基本方向をめぐる論争点—
    みどりの食料システム戦略を素材として—」『日本農業年報』67号(農林統計協会、2022)
- 谷口信和、安藤光義ほか「食料安保とみどり戦略を組み込んだ基本法改正へ」
    『日本農業年報』68号(筑波書房、2023)
- 藤本隆宏『ものづくりからの復活』(日本経済新聞出版社、2012)
- 食料・農業・農村政策審議会「答申」(令和5(2023)年9月11日)
- 食料・農業・農村基本問題調査会「答申」(平成10(1998)年9月17日)
- 農林漁業基本問題調査会「答申　農業の基本問題と基本対策」(昭和35(1960)年5月10日)
- 食料安定供給・農林水産業基盤強化本部「食料・農業・農村政策の新たな展開方向」(令和5
    (2023)年6月2日)
- 食料安定供給・農林水産業基盤強化本部「食料安全保障強化政策大綱」
    (令和4(2022)年12月27日)
- 政府「食料・農業・農村基本計画」(2020年3月)
- 農林水産省「特集　食料安全保障の強化に向けて」『食料・農業・農村白書4年度版』
    (令和5年 5月)
- 農林水産省「特集　変化(シフト)する我が国の農業構造」『食料・農業・農村白書令和3年度版』
    (令和4年5月)
- 農林水産省「農林水産物・食品の輸出に関する統計情報」

補論1
- 林正徳・弦間正彦編著『「ポスト貿易自由化」時代の貿易ルール その枠組みと影響分析』
    (農林統計協会、2015)

補論2
- 小川真如『日本のコメ問題』(中央公論新社、2022)
- 同『現代日本農業論考』(春風社、2022)

補論3
- 新山陽子・細野ひろみ・河村律子・清原昭子・工藤春代・鬼頭弥生・田中敬子
    「食品由来リスクの認知要因の再検討ーランダリング法による国際研究ー」『農業経済研究』
    第82巻第4号(2011)、pp230-242、

武本俊彦

1952年東京都生まれ。1976年3月東京大学法学部卒業、
同年4月農林省入省、2013年3月農林水産省退職
その間、
ウルグアイラウンド農業交渉、食管法廃止・食糧法制定作業、BSE問題を担当、
2005年9月〜2010年8月衆院調査局農林水産調査室首席調査員、2011年4月〜
8月内閣官房審議官（国家戦略）
2011年8月〜2013年3月農林水産政策研究所長
2013年4月から食と農の政策アナリストとして活動、現在に至る。
その間、
2013年度から野村アグリプランニング＆アドバイザリー株式会社顧問
2015年度から2017年度共立女子大学（食料経済学）、東京農業大学（行政学）で
非常勤講師
2018年4月から新潟食料農業大学教授（食料・農業・農村政策、食料経済学）、
2022年4月から2024年3月食料産業学部長/学科長
主な著書：
『日本再生の国家戦略を急げ!』（金子勝と共著）小学館、2010
『食と農の「崩壊」からの脱出』農林統計協会、2013
『儲かる農業論 エネルギー兼業農家のすすめ』（金子勝と共著）集英社新書、2014

食料システム論

～「食料・農業・農村基本法見直し」の視点～

2024年3月7日 発行

著　　　者	武本俊彦	
発 行 者	古川 猛	
発 行 所	東方通信社	
発　　　売	ティ・エー・シー企画	
	〒101-0054 東京都千代田区神田錦町1-14-4 東方通信社ビル	
	TEL：03-3518-8844	
	FAX：03-3518-8845	
	www.tohopress.com	
定　　　価	2500円＋税	
発　　　行	東方通信社	